RESSONÂNCIA MAGNÉTICA NUCLEAR

Blucher

Claudia Nascimento

RESSONÂNCIA MAGNÉTICA NUCLEAR

Blucher

Rua Pedroso Alvarenga, 1245, 4º andar
04531-934 - São Paulo - SP - Brasil
Tel.: 55 11 3078-5366
contato@blucher.com.br
www.blucher.com.br

Segundo o Novo Acordo Ortográfico, conforme 5. ed. do *Vocabulário Ortográfico da Língua Portuguesa*, Academia Brasileira de Letras, março de 2009.

FICHA CATALOGRÁFICA

Nascimento, Claudia
Ressonância magnética nuclear / Claudia Nascimento. - São Paulo: Blucher, 2016.

Bibliografia
ISBN 978-85-212-1018-4

1. Ressonância magnética nuclear 2. Física 3. Química I. Título

16-0124 CDD 538.362

Índices para catálogo sistemático:
1. Ressonância magnética nuclear

APRESENTAÇÃO

As aplicações da ressonância magnética nuclear (RMN) têm crescido nos últimos anos. Os usuários da técnica pertencem a diferentes áreas de conhecimento, com variados níveis de formação. Enquanto alguns sabem apenas o básico, adquirido em disciplinas de graduação, outros ingressam no mestrado/doutorado sem nunca ter estudado a RMN e têm que aprender os seus conceitos para poderem utilizá-la em seus trabalhos experimentais.

Este livro é destinado àqueles que desejam adentrar na grande aventura que é aprender a RMN. O objetivo deste trabalho é o aprendizado da técnica na sua forma mais básica, tentando não recorrer à Física e à Matemática para compreender as informações obtidas pela RMN.

Para isso, inicialmente, ensina-se um pouco sobre a espectroscopia, seguindo-se um capítulo dedicado à RMN de hidrogênio. É apresentada a ideia de como são gerados os espectros em RMN a partir dos pulsos de radiofrequência e um pouco sobre o equipamento desta técnica e o preparo de amostras. Os próximos capítulos abordam a RMN de carbono-13, o efeito Overhauser nuclear e a RMN bidimensional. Em todos eles, houve a preocupação de ilustrar os conceitos abordados com figuras e tabelas elucidativas. Uma vez que, na versão impressa, as ilustrações encontram-se em preto e branco e em escala de cinza, é aconselhável a leitura do livro com o material de suporte oferecido digitalmente, no qual as figuras são mostradas em cores, permitindo uma melhor compreensão dos conceitos abordados.

Algumas figuras e tabelas já fizeram parte das apostilas de cursos ministrados por mim para a Associação de Usuários de RMN, mas a grande maioria aparece aqui pela primeira vez.

Espero que a leitura deste livro lhe proporcione o desejo de explorar e aprofundar os seus conhecimentos nessa maravilhosa e poderosíssima técnica.

Claudia Nascimento

AGRADECIMENTOS

Gostaria de agradecer imensamente ao meu marido e aos meus filhos, que muito me apoiaram nessa ideia e em toda a minha vida profissional, e jamais reclamaram pelas horas que não pude dedicar a eles.

Aos professores José Daniel Figueroa-Villar, Fernando Halwass e Jochen Junker pela revisão detalhada que fizeram do trabalho e pela paciência para discutir sobre a melhor forma de abordar determinados conceitos, ou até de discuti-los em um outro livro introdutório.

A todos aqueles que foram meus alunos, os quais, sem saber, me ajudaram a melhorar e a entender como ensinar a RMN básica.

Aos professores Fábio Almeida e José Daniel Figueroa-Villar pelas fotos de seus equipamentos apresentados neste texto.

À Agilent, por ter permitido o uso de alguns espectros da biblioteca que se encontra no equipamento.

À Jeol pelas fotos do equipamento.

Alguns dos espectros foram processados usando os programas ACDLabs, Mestrelab e iNMR. Agradeço também a essas empresas.

Enfim, a vários dos meus colegas que muito me apoiaram na concretização deste projeto.

Claudia Nascimento

CONTEÚDO

CAPÍTULO 1
Introdução

1.1 IMPORTÂNCIA DA RESSONÂNCIA MAGNÉTICA NUCLEAR E SUAS APLICAÇÕES

A ressonância magnética nuclear (RMN) consiste em uma técnica espectroscópica relativamente nova. Apesar disso, os possíveis campos de aplicação nas mais diferentes áreas têm feito com que ela seja um dos procedimentos mais utilizados para os mais diferentes fins, como determinação da estrutura tridimensional de compostos em solução ou no estado sólido; estudos sobre a dinâmica molecular, a complexação e os processos de reconhecimento molecular. Seu emprego já é extremamente difundido e consolidado na química orgânica para confirmar as estruturas de substâncias obtidas pelo processo de síntese. A elucidação de novas estruturas, por meio da análise de espectros de RMN, inclui também o exaustivo trabalho de obtenção das estruturas de produtos naturais extraídos, por exemplo, de plantas e animais.

No entanto, a aplicação na área de química vai muito além disso, estendendo-se para estudos conformacionais e de dinâmica molecular, troca química e análises de cinética e equilíbrio químico. Mais recentemente, com a introdução de técnicas quantitativas por RMN (conhecidas por q-NMR), tal técnica tem tido uma maior aparição na área farmacêutica e de controle de qualidade dos fármacos. Ainda, a RMN (quantitativa ou não) tem sido aplicada na química ambiental para análise de fertilizantes e pesticidas, determinação (quantitativa e/ou qualitativa) de metais pesados, entre outros.

Inúmeros usos podem ser encontrados na indústria petrolífera para análise de combustíveis (qualitativa ou quantitativamente) a fim de determinar a composição orgânica ou inorgânica, estudar óleos, biodiesel e polímeros.

O desenvolvimento dos aparelhos de alto campo aliado ao de novas técnicas tem propiciado a aplicação da RMN na biologia de forma impressionante. A RMN em solução é a única técnica que permite elucidar ao mesmo tempo detalhes a nível atômico e propriedades dinâmicas de macromoléculas biológicas em estado nativo, sendo ainda o único procedimento experimental que possibilita a observação de movimentos moleculares em escala de 10^{-12} a 10^{-1} segundos. Estruturas de proteínas e peptídeos, interações entre proteínas e DNA ou RNA, entre proteínas e membranas e entre drogas e biomoléculas, são alguns dos exemplos de aplicação. Sendo assim, a RMN representa, atualmente, uma peça fundamental na área de biologia estrutural e nos estudos de interações das macromoléculas para compreensão de sua atividade biológica, permitindo estudos para o desenvolvimento de novas drogas a partir dos mecanismos estudados.

Aplicações na área alimentícia, com análises de bebidas e alimentos sólidos, têm sido possíveis em função do desenvolvimento de novas metodologias utilizando RMN de baixo campo, que também pode ser aplicada na indústria do petróleo, na análise de poços petrolíferos.

Por fim, não podemos nos esquecer da importante evolução da chamada Imagem por Ressonância Magnética (conhecida por MRI, da sigla em inglês), cada vez mais aplicada na medicina como exame conclusivo no diagnóstico de muitas doenças.

Apesar da enorme gama de usos desta técnica, os princípios teóricos da RMN, ou seja, as bases para a sua compreensão, são os mesmos, independentemente de onde seja aplicada. O objetivo desta obra é poder proporcionar àqueles que pretendem ingressar nessa área – seja como usuário ou como espectroscopista – a base necessária para que possam caminhar sozinhos nas aplicações desejadas. Os livros de graduação utilizados apresentam conceitos necessários para a determinação das estruturas de pequenas moléculas orgânicas, com ênfase na análise de espectros para obtê-las. Este livro pretende fornecer conhecimentos para que o usuário da técnica possa compreender facilmente os seus conceitos fundamentais. São os primeiros passos para ingressar na grande aventura que é a RMN.

1.2 RADIAÇÃO ELETROMAGNÉTICA E ESPECTROSCOPIA

Para entendermos o fenômeno da RMN, devemos lembrar primeiramente que se trata de uma técnica espectroscópica. Assim, é muito importante definirmos inicialmente o que é espectroscopia.

Espectroscopia é o estudo da interação entre a radiação eletromagnética (REM) e a matéria em função do comprimento de onda (λ). A REM pode ser vista como a transmissão de energia na forma de ondas, com uma componente elétrica e uma magnética, perpendiculares entre si e à sua direção de propagação (Figura 1.1).

A matéria poderá interagir com a componente elétrica, como acontece com o infravermelho e ultravioleta, ou com a magnética, que é o caso da RMN. Essa é a primeira diferença da RMN com relação às outras técnicas espectroscópicas comumente estudadas.

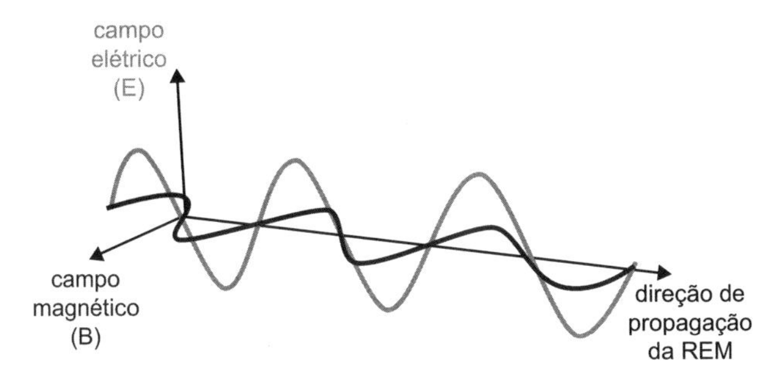

Figura 1.1 A radiação eletromagnética.

Como comprimento de onda e frequência estão relacionados, dependendo da frequência de radiação envolvida, existem diferentes tipos de interação da REM com a matéria, o que leva a diferentes regiões no chamado espectro eletromagnético (Figura 1.2).

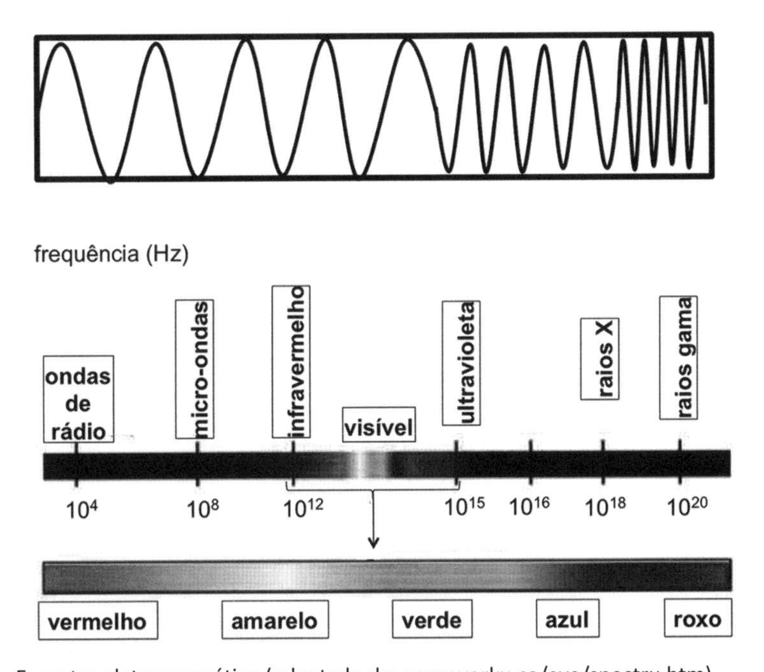

Figura 1.2 Espectro eletromagnético (adaptado de: www.yorku.ca/eye/spectru.htm).

De acordo com a teoria quântica, um fóton pode ser absorvido segundo a relação: $\Delta E = h\upsilon$, em que ΔE corresponde à diferença de energia entre dois níveis; h é a constante de Planck e υ é a frequência, que, por sua vez, está relacionada ao comprimento de onda. Assim, frequências diferentes levam a tipos variados de espectroscopia, como mostrado na Figura 1.2. Para cada tipo de REM, teremos uma técnica espectroscópica diferente, ou seja, uma forma diferente de observar a interação da REM com a matéria, utilizando-se equipamentos completamente diferentes.

1.3 *SPIN* NUCLEAR

As propriedades magnéticas de um núcleo podem ser descritas em termos de seu momento angular e *spin*, sendo este último uma importante propriedade característica dos núcleos atômicos. De acordo com os princípios da mecânica quântica, a componente máxima mensurável do momento angular de qualquer sistema – no nosso caso, mais especificamente, o núcleo – deve ser um múltiplo inteiro ou meio inteiro da constante $h/2\pi$. Esse valor máximo pode ser representado pelo *spin*, que é descrito por um número quântico chamado número de *spin*, designado pela letra I. Os valores de I para diferentes núcleos podem ser calculados a partir dos princípios da mecânica quântica, levando-se em consideração o número (Z) e a massa (A) atômicos de cada núcleo ou a estrutura nuclear atômica[1]. No entanto, sem recorrer a nenhum cálculo, podemos resumir os valores de I da seguinte forma: (i) se a massa atômica for ímpar, então ele será meio inteiro, ou seja, $^1/_2$, $^3/_2$, $^5/_2$ etc; (ii) se tanto a massa como o número atômico forem pares, I = 0; (iii) se a massa atômica for par e o número atômico ímpar, então o valor de I corresponderá a um número inteiro (1, 2, ...).

Os valores de I para os diferentes núcleos podem ser observados na Tabela 1.1, em que podem ser encontradas também outras propriedades dos núcleos que serão abordadas mais adiante.

Tabela 1.1 Algumas propriedades importantes em ressonância magnética nuclear para alguns núcleos. O fator de frequência é o número pelo qual deve ser multiplicada a frequência do equipamento (para hidrogênio) para se saber a frequência do núcleo naquele equipamento. Por exemplo, em um equipamento de 400 MHz para hidrogênio, a frequência para o carbono-13 será de 100,58 MHz (= 400 x 0,25145). Maiores detalhes serão explicados no Capítulo 2.

Núcleo	I	Abundância natural (%)	Fator de frequência	Constante magnetogírica (x 10^{-7} rad T^{-1} s^{-1})
^{1}H	$^1/_2$	99,985	1,000	26,7522
^{2}H	1	0,015	0,15351	4,1066
^{3}H	$^1/_2$	-	1,06664	28,5350
^{6}Li	1	7,42	0,14717	3,9371
^{7}Li	$^3/_2$	92,58	0,38866	10,3976
^{10}B	3	19,58	0,10743	2,8747

(continua)

[1] Para maiores detalhes, veja o livro *Os núcleos atômicos e a RMN: o modelo de camadas, o spin nuclear e os momentos eletromagnéticos nucleares*, de Tito Bonagamba e Jair Freitas, da série Fundamentos da RMN e suas aplicações, editado pela Associação dos Usuários de RMN (www.auremn.org).

Tabela 1.1 Algumas propriedades importantes em ressonância magnética nuclear para alguns núcleos. O fator de frequência é o número pelo qual deve ser multiplicada a frequência do equipamento (para hidrogênio) para se saber a frequência do núcleo naquele equipamento. Por exemplo, em um equipamento de 400 MHz para hidrogênio, a frequência para o carbono-13 será de 100,58 MHz (= 400 x 0,25145). Maiores detalhes serão explicados no Capítulo 2 (*continuação*).

Núcleo	I	Abundância natural (%)	Fator de frequência	Constante magnetogírica ($\times 10^{-7}$ rad T^{-1} s^{-1})
^{11}B	$3/2$	8,42	0,32084	8,5847
^{13}C	$1/2$	1,11	0,25145	6,7283
^{14}N	1	99,63	0,07226	1,9338
^{15}N	$1/2$	0,37	0,10137	-2,7126
^{17}O	$5/2$	0,037	0,13562	-3,6280
^{19}F	$1/2$	100,0	0,94094	-25,1815
^{23}Na	$3/2$	100,0	0,25429	7,0704
^{27}Al	$5/2$	100,0	0,26077	6,9762
^{29}Si	$1/2$	4,70	0,19807	-5,3190
$^{35}C\ell$	$3/2$	75,53	0,09809	2,6242
$^{37}C\ell$	$3/2$	24,47	0,08165	2,1844
^{31}P	$1/2$	100,0	0,40481	10,8394
^{39}K	$3/2$	93,1	0,04672	1,2499
^{47}Ti	$5/2$	7,28	0,05643	-1,5106
^{49}Ti	$7/2$	5,51	0,056443	-1,5110
^{51}V	$7/2$	99,76	0,26350	7,0492
^{57}Fe	$1/2$	2,19	0,03237	0,8687
^{59}Co	$7/2$	100,0	0,23727	6,3015
^{63}Cu	$3/2$	69,09	0,26515	7,1088
^{77}Se	$1/2$	7,58	0,19071	5,1214
^{79}Br	$3/2$	50,54	0,25140	6,7256

(*continua*)

Tabela 1.1 Algumas propriedades importantes em ressonância magnética nuclear para alguns núcleos. O fator de frequência é o número pelo qual deve ser multiplicada a frequência do equipamento (para hidrogênio) para se saber a frequência do núcleo naquele equipamento. Por exemplo, em um equipamento de 400 MHz para hidrogênio, a frequência para o carbono-13 será de 100,58 MHz (= 400 x 0,25145). Maiores detalhes serão explicados no Capítulo 2 (*continuação*).

Núcleo	I	Abundância natural (%)	Fator de frequência	Constante magnetogírica (x 10^{-7} rad T^{-1} s^{-1})
^{81}Br	$3/2$	49,46	0,27100	7,2498
^{103}Rh	$1/2$	100,0	0,03156	-0,8468
^{109}Ag	$1/2$	48,18	0,04653	-1,2519
^{113}Cd	$1/2$	12,26	0,22179	-5,9609
^{119}Sn	$1/2$	8,58	0,37291	-10,0318
^{129}Xe	$1/2$	26,44	0,27856	-7,4521
^{181}Ta	$7/2$	99,988	0,12128	3,2445
^{183}W	$1/2$	14,28	0,04218	1,1283
^{187}Os	$1/2$	1,64	0,02282	0,6113
^{195}Pt	$1/2$	33,8	0,21500	5,8383
^{199}Hg	$1/2$	16,84	0,17871	4,8458
$^{205}T\ell$	$1/2$	70,5	0,57634	15,6922
^{207}Pb	$1/2$	22,6	0,20921	5,6264

A importância de se conhecer o número de *spin* reside, principalmente, em dois fatos. O primeiro é que se o número de *spin* de um núcleo for zero, significa que ele não tem momento angular associado ao sistema e, portanto, não exibe propriedades magnéticas. Em outras palavras, o núcleo não apresenta atividade em RMN. Portanto, não pode ser observado nenhum espectro para ele. É o caso de núcleos como o carbono-12 (isótopo mais abundante do carbono) e o oxigênio-16.

Outra importância de se conhecer o número de *spin* I é que um núcleo, segundo a mecânica quântica, na presença de um campo magnético externo (chamado B_0), pode apresentar (2I + 1) orientações com relação à direção de B_0. Desse modo, se um núcleo tem $I = 3/2$, apresentará $(2 \times 3/2 + 1) = 4$ orientações; se I = 1, serão possíveis (2 x 1 + 1) = 3 orientações; e se $I = 1/2$, teremos apenas duas (Figura 1.3). Como será analisado mais adiante, diferentes direções com relação ao campo magnético correspondem a estados energéticos distintos. Na ausência de B_0, todos esses estados terão a mesma energia.

Como o momento magnético é paralelo ao angular, a mecânica quântica define a sua componente máxima observável como sendo m/I, em que *m* (também chamado m_I) é o número quântico magnético, que pode assumir os valores -I, -I + 1, ..., I – 1, I. Assim, se um núcleo tem I = 1, apresentará três possíveis orientações e os valores para m_I serão -1, 0 e +1. Para $I = \frac{3}{2}$, os valores de m_I serão $-\frac{3}{2}$, $-\frac{1}{2}$, $+\frac{1}{2}$ e $+\frac{3}{2}$. Para $I = \frac{1}{2}$, eles serão $-\frac{1}{2}$ e $+\frac{1}{2}$ (Figura 1.3).

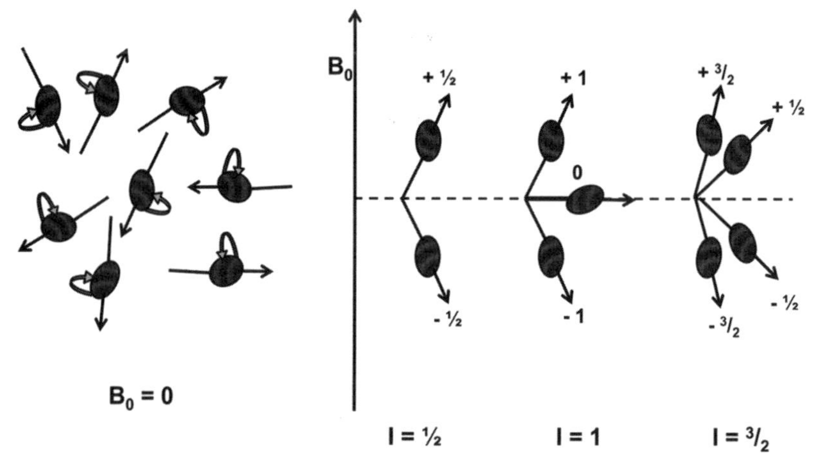

Figura 1.3 Na ausência de campo magnético (B_0 = 0), os *spins* estão randomicamente orientados e não existe diferença de energia. Os estados energéticos são ditos degenerados. Com a aplicação de um campo magnético, os *spins* se orientam de acordo com o valor do número de *spin* I (número de orientações = 2I + 1), assumindo os valores -I, -I + 1, -I + 2, ..., I - 2, I - 1, I.

Outra grandeza importante que advém do fato desse paralelismo entre o momento angular e o magnético é a representação das propriedades magnéticas em termos do que chamamos de **constante magnetogírica**, representada pela letra $\gamma = \frac{\mu}{P}$, em que μ é o momento magnético, e P o momento angular, para *spin* diferente de zero. Vale a pena já mencionar que o valor dessa constante é único para um determinado núcleo. Por isso, é chamada de constante magnetogírica daquele núcleo (vide Tabela 1.1).

Neste livro, vamos abordar apenas núcleos com *spin* $I = \frac{1}{2}$. Esse é o caso do hidrogênio (^{1}H), carbono-13 (^{13}C), nitrogênio-15 (^{15}N), fósforo-31 (^{31}P), flúor-19 (^{19}F), entre outros. Isso se deve ao fato de que os conceitos introdutórios são mais facilmente entendidos com o *spin* mais simples e que apresenta uma distribuição esférica uniforme de carga em torno do núcleo.

CAPÍTULO 2

Ressonância magnética nuclear de hidrogênio

2.1 ENERGIA E FREQUÊNCIA EM RESSONÂNCIA MAGNÉTICA NUCLEAR: A EQUAÇÃO FUNDAMENTAL DA RMN

Para uma melhor compreensão da orientação dos *spins* nucleares na presença de um campo magnético, podemos visualizar os núcleos como pequenos magnetos. Na ausência de um campo magnético, estes magnetos não assumem nenhuma orientação definida. No entanto, ao aplicarmos um campo magnético, eles tendem a se orientar com relação àquele campo. O mesmo acontece em uma amostra contendo núcleos com *spin* $I \neq 0$. *Spins* que se encontravam inicialmente orientados de forma randômica, após a aplicação de um campo magnético estático e homogêneo – em RMN, ele é chamado de B_0 –, poderão assumir novas orientações. Essas direções são quantizadas, ou seja, só podem ser assumidos valores discretos e determinados pela mecânica quântica.

No Capítulo 1, estudamos que o número de *spin* I fornece o número de orientações possíveis de um núcleo com relação a um campo magnético externo aplicado, segundo a relação: número de orientações = 2 I + 1.

No caso do hidrogênio ($I = \frac{1}{2}$), são possíveis, portanto, duas orientações, representadas pelos números quânticos magnéticos $m_I = -\frac{1}{2}$ e $+\frac{1}{2}$. A direção pode ser calculada utilizando-se a teoria quântica da RMN. Para o caso de $I = \frac{1}{2}$, o valor do ângulo θ formado com a direção do campo (referenciada como *z*) é de 54°44' (Figura 2.1).

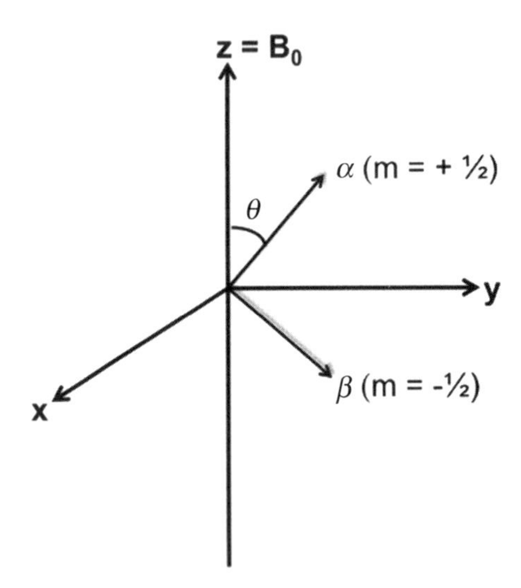

Figura 2.1 Possíveis orientações para um núcleo com I = ½, com relação ao campo magnético B_0. A direção do campo B_0 é assumida como z. O ângulo θ formado com o eixo *z* é de 54°44'.

Como pode ser observado na Figura 2.1, para $m = +\frac{1}{2}$, os *spins* encontram-se parcialmente alinhados a favor do campo B_0 aplicado, ao passo que, para $m = -\frac{1}{2}$, eles estão parcialmente contra o campo. Ou seja, não estão totalmente paralelos ou antiparalelos à direção de B_0. Da mesma forma que magnetos alinhados a favor de um campo magnético têm energia diferente daqueles contra o mesmo campo, para os *spins*, temos dois diferentes estados energéticos para o sistema após a aplicação de um campo magnético. Essa é uma característica importante da RMN e que a difere das espectroscopias eletrônicas. Em técnicas como ultravioleta (UV) e infravermelho (IV), por exemplo, existem diferentes estados energéticos (níveis eletrônicos e vibracionais, respectivamente), bastando que se aplique uma radiação para que sejam observadas mudanças em suas populações por absorção ou emissão de energia. Na RMN, não existe diferença de energia até que se aplique o campo magnético B_0, o qual cria essa diferença para que depois se possa aplicar uma radiação e observar a variação de população dos estados energéticos.

Voltando à Figura 2.1, para o estado em que $m = +\frac{1}{2}$, como dito anteriormente, os *spins* encontram-se parcialmente alinhados ao campo, o que significa que temos uma energia inferior do que aqueles que estão parcialmente contra o campo magnético. Por convenção, o estado de menor energia é chamado α e o de maior energia, β. A Figura 2.2 ilustra o gráfico energético representativo para um núcleo com $I = \frac{1}{2}$ após a aplicação de um campo magnético.

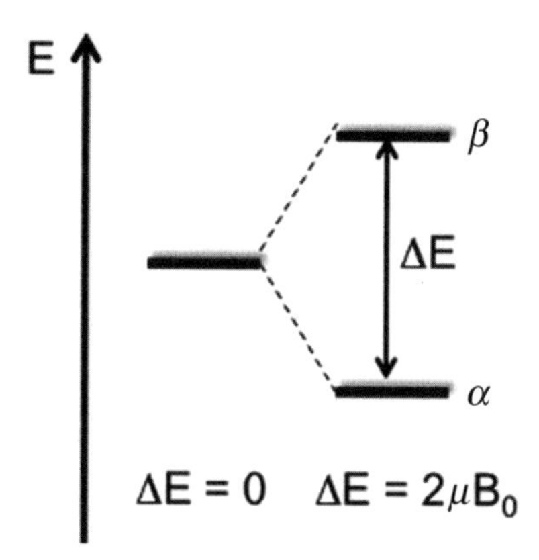

Figura 2.2 Diagrama energético para um núcleo com I = ½. Antes da aplicação do campo magnético, os *spins* estão randomicamente orientados. Não há diferença de energia. Ao aplicarmos o campo, os *spins* se orientam como mostrado na Figura 2.1, criando a diferença de energia que possibilitará o experimento.

Segundo a física clássica, sabe-se que, quando um magneto é submetido a um campo magnético, ele sofre um torque que tenta alinhá-lo com a sua direção. Este ($\vec{\Gamma}$) é dado pelo produto vetorial, visto na Equação (2.1):

$$\vec{\Gamma} = \vec{\mu} \times \vec{B} \tag{2.1}$$

em que $\vec{\mu}$ é o momento magnético e $\vec{B}$ é o campo aplicado. Com essa interação (alinhamento do momento magnético com o campo), ele adquire energia (E), representada pela Equação (2.2):

$$E = -\mu B \tag{2.2}$$

No entanto, um núcleo não é simplesmente um pequeno magneto, ele possui um momento angular. Nesse caso, o campo magnético externo exerce um torque no momento magnético que é dado pelo produto vetorial descrito pela Equação (2.3):

$$\vec{\Gamma} = \vec{\mu} \times \vec{B} = \gamma \vec{P} \times \vec{B} \tag{2.3}$$

em que $\vec{\Gamma}$ é o torque, $\vec{\mu}$ é o momento magnético, $\vec{B}$ é o campo aplicado, γ é a constante magnetogírica (que fornece a proporção entre o momento magnético e o angular; esses valores foram apresentados para alguns núcleos na Tabela 1.1) e $\vec{P}$ é o momento angular. Como consequência, além do alinhamento com relação ao campo magnético, ele passa a precessar com o ângulo $\theta = 54°44'$ em torno da direção de B_0 (Figura 2.3).

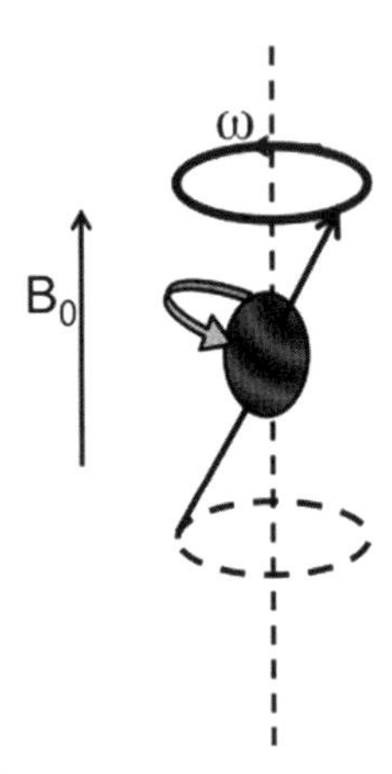

Figura 2.3 O movimento de precessão nuclear.

A precessão é um fenômeno físico, que pode ser explicado a partir das grandezas mencionadas, ou seja: torque, momentos magnético e angular. De uma forma bem simplificada, poderíamos entendê-la como uma mudança do eixo de rotação de um objeto que gira em torno do seu eixo e passa a girar em torno do eixo da direção do campo magnético, análogo ao movimento de um giroscópio. Como a velocidade de rotação e o torque são constantes, esse movimento irá descrever um cone, chamado cone de precessão nuclear (Figura 2.4).

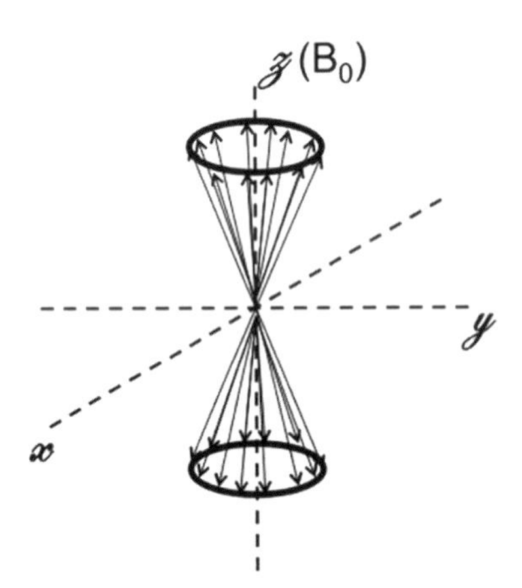

Figura 2.4 Cone de precessão nuclear formado durante o movimento de precessão: a velocidade de rotação e o torque são constantes.

Assim, o vetor momento angular precessa em torno do eixo do campo magnético externo, o qual, por convenção, é o eixo z, com uma frequência angular que é conhecida por frequência de Larmor (ϖ_0). Esta pode ser determinada a partir da Mecânica Quântica, e podemos mostrar que é proporcional ao campo aplicado (Equação (2.4)):

$$\varpi_0 = \gamma B_0 \tag{2.4}$$

em que ϖ_0 é a frequência de precessão, γ é a constante magnetogírica do núcleo e B_0 é o campo magnético externo aplicado.

Por meio da Equação (2.4), pode-se observar que, na RMN, para um mesmo valor de B_0, cada núcleo diferente apresenta um valor diferente para a frequência de Larmor, a qual estará diretamente relacionada com a constante magnetogírica. Os diferentes valores de frequência de Larmor para alguns isótopos foram apresentados na Tabela 1.1.

A frequência de precessão ϖ_0, pode ser convertida em Hz segundo a Equação (2.5):

$$\nu_0 = \frac{\gamma}{2\pi} B_0, \tag{2.5}$$

sendo conhecida como Equação Fundamental da RMN.

O objetivo aqui não é descrever matematicamente a RMN ou deduzir essa equação fundamental. Mas, a partir dela, vários aspectos práticos podem ser considerados.

Pode-se observar que, considerando-se somente a Equação (2.5), tal qual apresentada, a frequência de absorção do núcleo depende apenas da constante magnetogírica γ e da magnitude do campo magnético. Como o valor de γ não muda para um determinado isótopo – lembre-se que ela é uma **constante** que depende somente dos momentos magnético e angular e, portanto, tem apenas um valor para cada isótopo –, a única forma de alterar o valor da frequência é fazendo-se variar o campo. Daí surgem duas consequências. A primeira é que, para mesmo núcleo em um mesmo equipamento (portanto, mesmo valor de B_0), o valor da frequência é único. Para um campo de 7,05 T, por exemplo, a frequência para os núcleos de hidrogênio corresponde a 300 MHz. Em um equipamento cujo campo seja de 21,15 T (três vezes maior), a frequência do hidrogênio será de 900 MHz. Para o carbono-13, cuja constante magnetogírica é aproximadamente $\frac{1}{4}$ da constante do hidrogênio, a frequência no equipamento de 7,05 T será de 75 MHz (= 300 MHz/4), e no de 21,15 T, resultará três vezes maior (225 MHz).

Por razões históricas, os equipamentos têm sido descritos não pelo seu campo magnético, mas pela frequência dos núcleos de hidrogênio no campo do equipamento. Assim, fala-se de espectrômetros de 300 MHz, 600 MHz ou 750 MHz (e não de 7,05 T, 14,1 T ou 17,63 T, respectivamente). Porém, é importante lembrar que esses valores referem-se à frequência dos núcleos de hidrogênio. Para saber qual é a frequência dos demais núcleos, deve-se observar o valor da constante magnetogírica de cada núcleo.

Outra forma de se conhecer essa frequência do núcleo é por meio dos valores de fatores de frequência. A Tabela 1.1 apresenta esses valores para alguns núcleos. Como não podemos indicar o valor da frequência de ressonância de um núcleo se ele não estiver relacionado a um campo magnético, podemos calculá-la utilizando os fatores de frequência. Basta, para isso, termos conhecimento do valor da frequência do ^1H no equipamento (essa é a forma como nos referimos aos equipamentos de RMN) e multiplicá-lo por esse fator. Por exemplo, o carbono-13 tem um fator de frequência igual a 0,25145. Em um equipamento de 400 MHz (frequência de ressonância do ^1H), sua frequência será $0{,}25145 \times 400 = 100{,}58$ MHz.

A segunda consequência a respeito da equação fundamental da RMN é que valores maiores para o campo B_0 acarretam valores maiores de frequência. Se lembrarmos que frequência e energia estão diretamente relacionadas pela equação $\Delta E = h\upsilon$, podemos então concluir que, para campos mais altos, o valor de ΔE será maior (Figura 2.5).

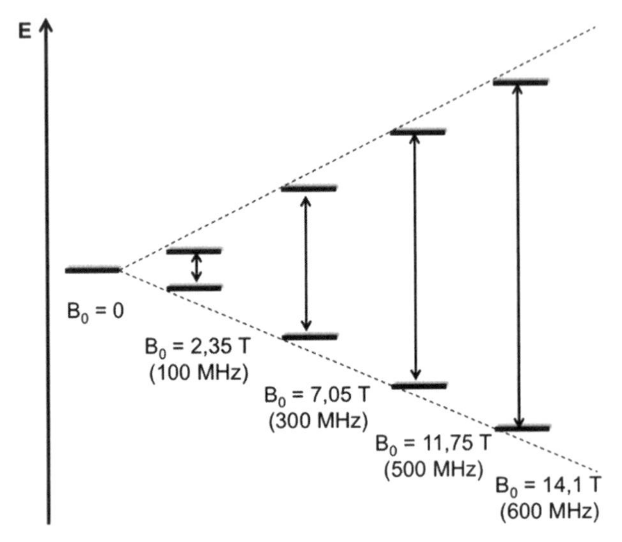

Figura 2.5 Relação entre a magnitude do campo magnético e a diferença de energia entre as populações dos níveis α e β: quanto maior for o valor do campo, maior será a diferença de energia entre os níveis.

Para compreendermos a importância disso na RMN, devemos voltar à Figura 2.2. Para $I = \frac{1}{2}$, a diferença de energia (ΔE) entre os dois possíveis níveis energéticos é dada pela Equação (2.6):

$$\Delta E = 2\mu B_0 \tag{2.6}$$

em que μ é o momento magnético do núcleo (que tem $I = \frac{1}{2}$) e B_0 é o campo magnético externo aplicado.

A razão entre as populações de dois estados energéticos (no caso, α e β) pode ser descrita pela equação de Boltzmann (Equação (2.7)):

$$\frac{N_\beta}{N_\alpha} = \exp\left(-\frac{\Delta E}{\kappa T}\right) = \exp\left(-\frac{h\nu}{kT}\right) \tag{2.7}$$

em que N_α é a população do estado de menor energia (α), N_β é a população do estado de maior energia (β), T é a temperatura absoluta (Kelvin), κ é a constante de Boltzmann (= 1,3805 x 10^{-23} J/K) e h é a constante de Plank (= 6,624 x 10^{-34} J.s). Por meio dessa relação, é possível concluir que quanto maior a diferença de energia, maior será a diferença entre as populações dos níveis α e β.

Por exemplo, se fizermos um cálculo que considere um equipamento cuja frequência para hidrogênio seja 100 MHz operando à temperatura de 298 K, temos que:

$$\frac{N_\beta}{N_\alpha} = 0,999984 = \frac{1.000.000}{1.000.016}.$$

Portanto, para cada um milhão de núcleos no estado β, existe um excesso de apenas 16 núcleos no α. Se o equipamento for de 300 MHz, este resultado sobe para 48 núcleos e, em um de 600 MHz, essa diferença é ainda muito pequena, apenas 96 núcleos. Isso faz com que a técnica de RMN, apesar de extremamente poderosa em várias áreas de conhecimento, seja menos sensível que o IV e o UV, por exemplo, pois a diferença de população entre os níveis energéticos é fundamental para a detecção do sinal.

Atenção para não confundir sensibilidade com informações obtidas a partir da técnica. A sensibilidade está relacionada a vários fatores, como concentração da amostra. Assim, como vamos estudar adiante, para aumentá-la, podemos utilizar uma amostra mais concentrada. As informações obtidas por RMN são únicas e importantíssimas para tudo o que foi mencionado na introdução do Capítulo 1. Essas mesmas informações não podem ser obtidas por UV e IV.

Já sabemos também que a diferença de energia está associada ao momento magnético do núcleo (que é constante para ele) e à magnitude do campo magnético B_0 (Figura 2.5). Logo, outra forma de se aumentar a diferença entre as populações e melhorar a sensibilidade da técnica é aumentar o valor do campo aplicado. Isso explica, em parte, a busca dos fabricantes por equipamentos com campos magnéticos cada vez mais intensos.

2.2 BLINDAGEM

Voltando à equação fundamental da RMN (Equação (2.5)):

$$\nu_0 = \frac{\gamma}{2\pi} B_0 \cdot \qquad (2.5)$$

Já estudamos que a frequência é diretamente proporcional a B_0 e que, nesse valor de B_0, ela será única, uma vez que o valor de γ é constante para cada isótopo. Se assim for e considerarmos uma molécula de etanol (CH_3CH_2OH), por exemplo, ao fazermos um espectro de hidrogênio desse composto, teríamos um único sinal em função dos núcleos de ^1H presentes na molécula. Isso significaria – sabendo que a integração das áreas sob os picos do espectro é proporcional ao número de átomos que absorvem naquela frequência – que a RMN seria uma técnica meramente quantitativa, para se determinar o número de átomos de hidrogênio presentes na molécula e, portanto, com aplicação reduzida.

Observe, entretanto, o primeiro espectro de hidrogênio do etanol obtido em 1951 (Figura 2.6), em um equipamento de 30 MHz[1].

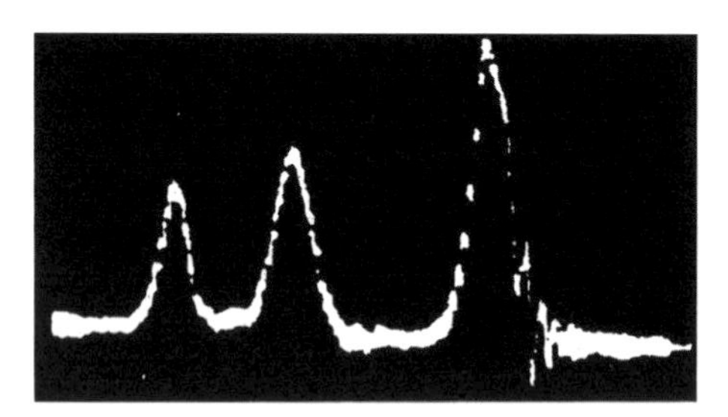

Figura 2.6 Primeiro espectro do etanol, obtido em 1951, em um equipamento de 30 MHz.

Foram observados três sinais; no entanto, segundo a equação fundamental da RMN, deveria ser apenas um. Os autores desse trabalho mostraram ainda que as áreas sob os picos apresentavam uma proporção de 1:2:3, seguindo os sinais da esquerda para a direita.

A explicação para a observação dos três sinais está no fato de que a Equação (2.5) não leva em consideração que os núcleos não existem sozinhos em uma amostra real. O núcleo faz parte do átomo que, obviamente, possui elétrons. Estes, como sabemos, são cargas elétricas negativas e que, portanto, assim como os núcleos, respondem à aplicação de um campo magnético. Ao submetermos uma amostra a um campo magnético, os elétrons são induzidos a circularem em torno do núcleo de forma perpendicular ao campo aplicado B_0. Esse movimento segue a regra da mão direita em torno de B_0 (Figura 2.7A).

Como essa circulação envolve movimentação de carga, gera-se também um momento magnético induzido (μ_i). Assim, para descobrir o momento magnético total, é necessário fazer uma soma considerando toda a distribuição eletrônica. O campo magnético induzido produzido por μ_i é tal que se opõe a B_0 (Figura 2.7B). Desse modo, os elétrons irão **blindar** o núcleo da influência do campo B_0, fazendo com que o efeito líquido de B_0 sobre o núcleo seja menor. Portanto, podemos afirmar que, na equação da RMN, o campo efetivamente sentido (B) pelo núcleo em questão pode ser dado pela Equação (2.8):

$$B = B_0 - B_{ind} \tag{2.8}$$

[1] ARNOLD, J. T.; DHARMATTI, S. S.; PACKARD, M. E. Chemical effects on nuclear induction signals from organic compounds. *Journal of Chemical Physics*, v. 19, 1951, p. 507. Esse não foi o primeiro espectro de RMN, mas a primeira vez que a técnica foi utilizada para determinação estrutural de uma molécula orgânica. Os autores integraram as áreas dos picos e mostraram que eram proporcionais ao número de prótons, absorvendo no sinal.

em que B_0 é o campo inicialmente aplicado e B_{ind} é o campo magnético induzido pela circulação dos elétrons. É claro que a magnitude do campo B_0 é muito superior à de B_{ind}, dado o tamanho dos elétrons quando comparado ao tamanho do núcleo. Isso significa que ocorrem apenas pequenas variações com relação ao valor do campo aplicado. Mas essas variações podem ser claramente observadas experimentalmente, como mostra o espectro do etanol (Figura 2.6).

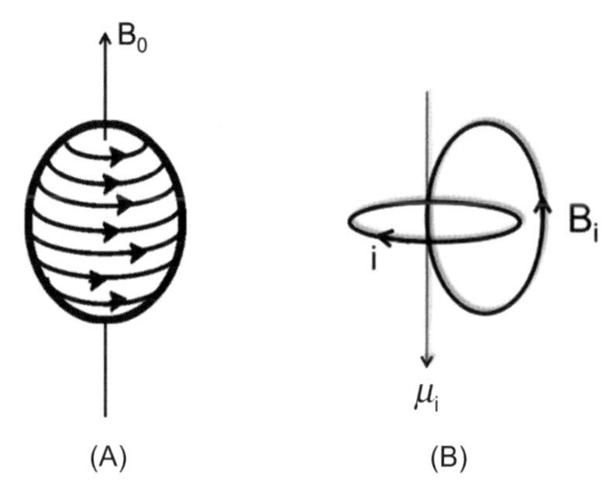

Figura 2.7 (A) Resposta dos elétrons a respeito do campo B_0: um campo magnético é induzido pela circulação dos elétrons em torno de B_0. Observe que ela segue a regra da mão direita em torno de B_0 (polegar apontando para B_0; os demais dedos dão o sentido da corrente); (B) esquema mostrando que o momento magnético induzido pela circulação dos elétrons se opõe ao campo magnético aplicado B_0. Também pode ser observado que a corrente elétrica é contrária à circulação dos elétrons. Adaptada de HARRIS, 1986.

Essa é uma informação muito importante, em função de o ambiente eletrônico ser diferente para os variados núcleos de uma amostra, os quais podem ser classificados segundo o ambiente eletrônico (químico) em que se encontram. Por exemplo, no $CH_3CH_2C\ell$, há dois distintos ambientes eletrônicos: um para os hidrogênios do grupo CH_3 e outro para os do CH_2, uma vez que os hidrogênios do CH_2 estão mais próximos do átomo eletronegativo de cloro que os hidrogênios do grupo metila. Ambientes com alta densidade eletrônica serão mais blindados, pois o campo magnético induzido será maior e o campo efetivamente sentido pelos núcleos, menor; ambientes em que os núcleos estejam mais próximos aos átomos eletronegativos terão densidade eletrônica menor, sentirão mais o efeito de B_0 e, portanto, serão mais desblindados quando comparados aos primeiros.

No caso do etanol (CH_3CH_2OH, Figura 2.6), teremos três distintos ambientes químicos: (i) núcleos de hidrogênio do grupo metila, mais distantes do átomo eletronegativo de oxigênio (portanto, mais blindados); (ii) núcleos de hidrogênio do grupo CH_2, mais próximos do átomo de oxigênio e, portanto, apresentando densidade eletrônica inferior aos hidrogênios do grupo metila, sendo mais desblindados do que os núcleos do grupo metila em (i); por último, (iii) o hidrogênio do grupo hidroxila, o mais próximo ao oxigênio (diretamente ligado) e, portanto, o mais desblindado de todos, pois é o que apresenta a menor densidade eletrônica em função do efeito indutivo do oxigênio altamente eletronegativo de retirar elétrons. Isso explica a observação dos três sinais no espectro da Figura 2.6.

Para a acetona (Figura 2.8A), por exemplo, um único ambiente químico existe para os seis átomos de hidrogênio e, portanto, apenas um sinal no espectro. O acetaldeído (Figura 2.8B) possui dois ambientes químicos diferentes: um para os hidrogênios do grupo metila e outro para o hidrogênio aldeídico, o que gera dois sinais no espectro de hidrogênio. O ácido acético (Figura 2.8C) apresenta também dois ambientes químicos: um para os hidrogênios da metila e outro para o hidrogênio ácido, gerando dois sinais em seu espectro. Para diferenciar o acetaldeído do ácido acético (ambos apresentam apenas dois sinais), podemos lembrar que o hidrogênio ácido está em um ambiente mais desblindado do que o hidrogênio aldeídico. Portanto, o valor de frequência de ressonância, que está diretamente relacionado ao campo efetivo sentido pelo núcleo, será diferente.

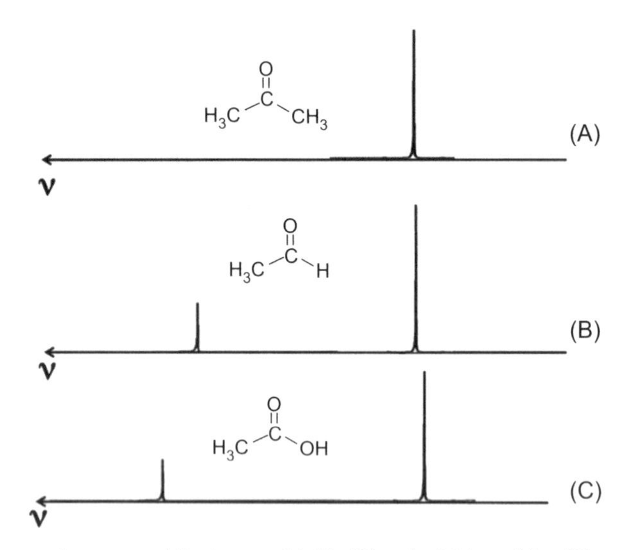

Figura 2.8 Estruturas da acetona (A), do acetaldeído (B) e do ácido acético (C) e os correspondentes espectros de RMN-^{1}H obtidos em um equipamento de 60 MHz.

Após o que foi descrito, podemos ter uma ideia da grande aplicabilidade da RMN. Com esta técnica espectroscópica, é possível determinar quantos ambientes químicos diferentes existem em uma molécula. Além disso, como o pico é integrável e a área sob ele é proporcional ao número de núcleos que absorvem naquela frequência, pode-se determinar não só a quantidade de ambientes químicos, mas também a proporção relativa de núcleos existentes em cada um deles. Conforme mencionado, se integrarmos os picos observados na Figura 2.6 (espectro do etanol), obteremos, da esquerda para a direita da figura, uma proporção de 1:2:3. Três picos indicam três diferentes ambientes eletrônicos. A proporção indica que temos um núcleo em um local diferente de outros cinco, os quais também são diversos, estando dois em um mesmo ambiente químico e três em outro.

A equivalência química entre hidrogênios (mesmo ambiente químico) pode surgir por diferentes fatores, entre eles a simetria da molécula que pode ser exemplificada pelo caso dos seis hidrogênios de benzeno. A rotação livre de uma ligação é outro fator. Por exemplo, no caso de metilas terminais com livre rotação, esses hidrogênios são equivalentes; caso contrário, são diferentes.

2.3 DESLOCAMENTO QUÍMICO

Tanto o acetaldeído como o ácido acético apresentam dois ambientes químicos distintos (Figura 2.8) e, portanto, seus espectros de hidrogênio mostram dois picos, com integração relativa 1:3. Como então distinguir entre os dois espectros? Somente sabemos que o hidrogênio ácido é mais desblindado do que o aldeídico. Mas como diferenciá-los?

A essa altura, fica claro que precisamos referenciar o nosso espectro. Usamos o termo mais e menos blindado, mas precisamos dizer com relação ao quê. Deve-se escolher uma substância que possa ser usada como referência. É claro que se ela for ser usada como referência para um espectro de hidrogênio, também conterá núcleos de hidrogênio e, portanto, apresentará sinal(is) no espectro de hidrogênio. Se adquirirmos um espectro de uma amostra contendo uma referência interna, então a frequência do sinal da amostra com relação à referência será dada pela Equação (2.9):

$$\nu_{obs} = \nu_{am} - \nu_{ref} \tag{2.9}$$

em que ν_{obs} é a frequência observada, chamada deslocamento químico (em Hz); ν_{am} é a frequência de absorção do núcleo da amostra e ν_{ref} é a frequência do núcleo da amostra usada como referência. Portanto, vamos observar uma frequência **relativa** com relação a uma determinada referência.

Devemos tomar cuidado, entretanto, para que os sinais dos núcleos de nossa referência não se sobreponham aos sinais da amostra cuja estrutura estamos tentando determinar. No entanto, em alguns casos, isso ocorre. Também é importante lembrar que, ao usarmos referências diretamente misturadas com as amostras em análise, são melhores aquelas cujas frequências de absorção sofram pouca ou nenhuma alteração pelas variações de concentração, pH e/ou temperatura.

Em química orgânica, a referência mais utilizada é o tetrametilsilano, conhecido por TMS (Figura 2.9).

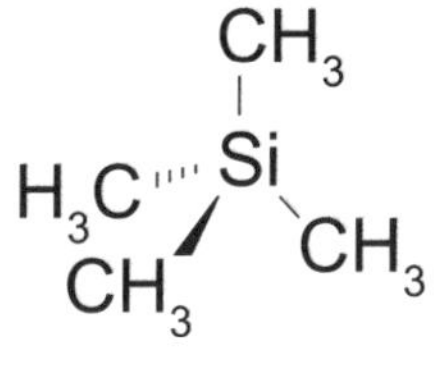

Figura 2.9 Estrutura do tetrametilsilano.

Existem várias características dessa substância para que ela seja tão amplamente utilizada:

- Quimicamente inerte – está implícito que não queremos uma referência que reaja com a nossa amostra.
- Volátil – a amostra pode ser facilmente recuperada sem a referência.
- Solúvel em amostras orgânicas.
- Sinal é intenso – como são 12 núcleos quimicamente equivalentes, o sinal será proporcional a 12 hidrogênios. Na prática, isso significa que uma pequena quantidade da referência gera um sinal com uma intensidade desejável. e
- Ambiente químico em que se encontram os hidrogênios do TMS é altamente blindado quando comparado à maioria dos hidrogênios presentes nas amostras orgânicas, pois o átomo de silício é eletropositivo (portanto, não retira elétrons), o que se difere da maioria dos átomos encontrados em moléculas orgânicas (hidrogênio, carbono, oxigênio, nitrogênio, halogênios, fósforo, flúor etc.). Isso faz com que a blindagem dos núcleos de hidrogênio do TMS seja muito grande quando comparada à maioria das amostras orgânicas. Como consequência, além de apresentar um único pico[2], este se encontra, na maioria dos casos, isolado dos demais sinais da amostra.

Podemos, então, referenciar o ν_{ref} para o sinal do TMS como zero, já que se encontra mais blindado do que os hidrogênios presentes na maioria das amostras orgânicas e, portanto, isolado no espectro para a maior parte dos casos. É importante observar que a frequência de absorção do TMS não é zero. Apenas referenciamos como zero dada a blindagem de seus hidrogênios, e assim facilitamos o valor das frequências observadas, as quais terão valores relativos ao TMS.

Assim, a Equação (2.9) pode ser escrita como a Equação (2.10):

$$\nu_{obs} = \nu_{am} - \nu_{ref} = \nu_{am} - 0 = \nu_{am} \tag{2.10}$$

Como ν_{obs} será, para a maioria dos casos, maior que ν_{ref} e lembrando-se que a referência é de núcleos com alta blindagem, podemos concluir que quanto maior for o valor de ν_{obs}, maior será a desblindagem, pois mais afastada da frequência do TMS estará a frequência do núcleo em questão.

---

[2] Apesar de ser referido como um único sinal na maioria dos livros, o TMS não corresponde a um sinal único. Isso se deve à existência de ^{29}Si e ^{13}C, os quais são núcleos ativos em RMN (e também ambos com *spin* = ½) e ao acoplamento *spin-spin* que será explicado mais adiante. Para maiores detalhes, veja a explicação em <http://u-of-o-nmr-facility.blogspot.ca/2007/09/proton-nmr-of-tms.html>. Este *link* é um excelente *blog* para compreender diversos aspectos práticos da RMN.

Na Figura 2.10, podem ser observados os espectros do acetaldeído e ácido acético. Agora, é possível diferenciar os dois compostos: o hidrogênio ácido estará em uma maior frequência do que o hidrogênio aldeídico. Devemos nos lembrar de que existe deslocalização eletrônica no grupo acila, o que torna esse hidrogênio mais desblindado quando comparado ao outro.

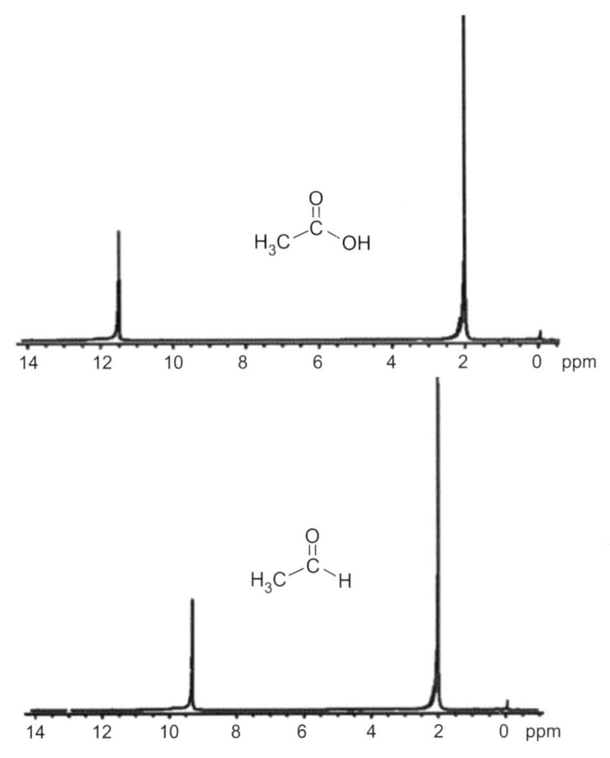

Figura 2.10 Espectros do acetaldeído e ácido acético obtidos em um equipamento de 60 MHz. Em 0 Hz (ou ppm), o sinal do TMS usado como referência.

Observe que o pico do TMS, referenciado como zero, encontra-se à direita do espectro. Isso se deve à forma como os espectros eram adquiridos nos primeiros equipamentos, fazendo-se uma varredura pela variação da frequência, desde uma frequência maior (= maior desblindagem) até uma frequência menor (= maior blindagem). Como a caneta que registrava o espectro na folha do papel se deslocava da esquerda à direita – da mesma forma que escrevemos –, o pico relativo ao TMS era o último a aparecer, pois é o mais blindado. Apesar de a forma de aquisição do espectro ser diferente atualmente, como será analisado mais adiante, manteve-se a apresentação do espectro tal como era feita anteriormente.

É importante lembrar que, embora leiamos um valor no espectro e o atribuímos a determinado(s) núcleo(s) em um ambiente químico que entra em ressonância a uma determinada frequência, a frequência que está sendo lida é sempre um valor relativo ao valor da frequência da referência utilizada, que, no nosso caso, foi atribuída como zero. Esse valor relativo de frequência observado é conhecido por **deslocamento químico**, expresso em unidades de frequência (Hz).

2.3.1 A ESCALA PPM

O deslocamento químico como descrito apresenta um problema: a frequência do núcleo está diretamente relacionada com o valor do campo magnético aplicado. Vamos supor que um hidrogênio, em uma amostra, absorva em 3.000 Hz em um equipamento de 7,05 T (300 MHz para hidrogênio). Se adquirirmos um espectro desse mesmo composto em outro equipamento, cujo campo seja de 14,1 T (600 MHz para hidrogênio), como o valor do campo dobrou, a frequência do núcleo também duplicará, passando a absorver em 6.000 Hz.

Desse modo, é possível concluir três observações:

- Quanto maior for o campo, maior será a dispersão dos sinais. Por exemplo, vamos supor dois picos absorvendo em 400 Hz e 440 Hz em um equipamento de 200 MHz. A diferença de separação entre eles é 40 Hz. Se triplicarmos a frequência do equipamento (600 MHz), a frequência de absorção dos picos também será triplicada, passando a 1.200 Hz e 1.320 Hz, respectivamente. A separação entre esses picos será, nesse campo maior, de 120 Hz (também três vezes maior). Se no equipamento de 200 MHz esses picos estavam muito próximos, agora estarão mais separados, facilitando a sua identificação. Esse é um outro motivo, além daquele mencionado (com relação à diferença de população descrita por Boltzmann), para a procura constante por equipamentos de campos mais altos, ou seja, a maior separação dos picos em espectros de moléculas mais complexas, nas quais ocorre maior superposição dos sinais.
- Como o deslocamento químico (= frequência relativa de absorção do núcleo) se altera com a mudança do valor de campo, não há uma linguagem universal se esse deslocamento for expresso em unidades de frequência (Hz).
- Ainda que equipamentos diferentes tenham aparentemente o mesmo campo magnético B_0, os valores destes não serão absolutamente iguais. Não existem dois equipamentos com exatamente o mesmo valor de B_0. Isso quer dizer que em dois equipamentos distintos, embora apresentem o "mesmo" campo, os valores de frequência observados serão diferentes.

Para resolver o segundo e o terceiro problema mencionados, devemos nos lembrar de que, se a relação entre campo e frequência é direta, ou seja, campo e frequência são diretamente proporcionais, a razão entre eles será uma constante. Dessa forma, se expressarmos o deslocamento químico em uma unidade adimensional, dividindo-se o valor de frequência observada pelo valor de frequência do núcleo naquele campo do equipamento, teremos sempre um valor constante. Só devemos ter em mente que a frequência observada é da magnitude de Hz e a do núcleo no equipamento em MHz. Ao realizar a transformação, para termos coerência dimensional, chegamos à Equação (2.11):

$$\delta = \frac{\nu_{am}(Hz)}{\nu_{equipamento}(Hz)} \times 10^6 \qquad (2.11)$$

em que δ é o deslocamento químico expresso em partes por milhão (ppm), ν_{am} é a frequência observada no equipamento e $\nu_{equipamento}$ é a frequência do equipamento. Ao fazermos isso, criamos uma escala que independe do campo magnético do equipamento. A seguir, um exemplo com os valores mencionados: para ν_{am} = 3.000 Hz em um equipamento de 300 MHz, teremos δ = 10 ppm. Se ν_{am} = 6.000 Hz em um equipamento de 600 MHz, também será obtido δ = 10 ppm. Portanto, o valor de deslocamento químico observado em unidades ppm independe do campo magnético aplicado. Este exemplo também mostra que a mesma janela (10 ppm) terá uma maior dispersão de sinais (3.000 Hz comparados a 6.000 Hz), como mencionado anteriormente.

A Figura 2.10 apresenta os espectros utilizando tal escala. Essa é a escala universalmente empregada para descrever os deslocamentos químicos em espectros de RMN.

2.4 ANISOTROPIA

Por meio da análise da Tabela 2.1, podemos confirmar alguns valores experimentais de deslocamentos químicos para alguns compostos de estrutura bem simples, considerando o que foi explicado até aqui.

Tabela 2.1 Valores de deslocamento químico de hidrogênio para alguns compostos.

Composto	δ (ppm)
$(CH_3)_2O$	3,27
CH_3F	4,30
RCO_2H	~10,0 – 12,0

Para o caso do éter dimetílico, os núcleos de hidrogênio estão ligados a um carbono que, por sua vez, está ligado a um oxigênio; em função da eletronegatividade desse átomo, o valor de deslocamento químico relativamente alto observado para hidrogênios de um grupo metila é bem característico. Se, no entanto, ao invés do átomo de oxigênio, tivermos um de flúor ligado à metila, o aumento no valor do deslocamento químico observado será explicado pela maior eletronegatividade do flúor quando comparada à do oxigênio, que faz com que a desblindagem seja superior. Analogamente, o hidrogênio ácido de um ácido carboxílico encontra-se em ambiente altamente desblindado. Lembre-se de que a perda desse hidrogênio é muito favorecida dada a estabilização da base conjugada $RCOO^-$ por deslocalização eletrônica.

A Tabela 2.1 indica um importante fator que influencia nos valores de deslocamento químico, que é a eletronegatividade.

Observe, no entanto, os dados experimentais mostrados na Tabela 2.2.

Tabela 2.2 Deslocamento químico de hidrogênio para eteno, acetileno, hidrogênio aldeídico e benzeno, respectivamente.

Composto	δ (ppm)
$CH_2 = CH_2$	5,25
$CH \equiv CH$	1,80
R – CHO	9,97
C_6H_6 (benzeno)	7,27

Ao comparar o eteno e o acetileno, sabemos que o carbono *sp* (carbono de tripla ligação) é mais eletronegativo que o carbono do eteno, sp^2 (carbono de dupla ligação), uma vez que os orbitais *sp* têm maior caráter *s* que os orbitais sp^2. Assim, considerando o efeito da eletronegatividade, esperamos que o deslocamento químico dos hidrogênios do acetileno seja maior do que dos hidrogênios do eteno. No entanto, como mostram os dados da Tabela 2.2, isso não é o que ocorre. Além disso, se compararmos o valor de deslocamento químico dos hidrogênios do benzeno – cujos carbonos também estão hibridizados em sp^2 – com o valor de δ para o eteno, podemos observar que há uma ampla distância entre eles, indicando uma forte desblindagem dos hidrogênios aromáticos quando comparados aos do alceno. Desse modo, mais uma vez, a eletronegatividade não é capaz de explicar essa observação. Ainda, podemos observar o deslocamento químico do hidrogênio aldeídico. Se compararmos esse valor com o de um hidrogênio ácido (Tabela 2.1), não conseguiremos explicar o que ocorre se levarmos em consideração apenas a eletronegatividade: um hidrogênio ácido apresenta uma deficiência eletrônica muito maior que um hidrogênio aldeídico. Livros de química orgânica tratam dessa diferença de acidez, ou seja, a desblindagem do hidrogênio aldeídico não pode ser similar à de um ácido carboxílico considerando somente a eletronegatividade. Portanto, podemos concluir que a eletronegatividade não é o único fator que influencia no grau de blindagem ou desblindagem de um núcleo. Podem existir diversos outros fatores. Mas nesse caso específico, explicamos essas diferenças dos valores de deslocamento químico pelo que chamamos de **anisotropia magnética**.

Anisotropia é uma propriedade que depende da direção ou orientação de uma molécula com relação ao campo magnético. Deve-se ressaltar que o campo magnético B_0 induz momentos magnéticos em todos os elétrons da molécula. Cada elétron está associado a uma ligação ou a um átomo, já que temos pares de elétrons ligantes e não-ligantes. Dependendo da orientação de um determinado grupo G1 com relação a um G2, a influência no último do momento magnético gerado pelo primeiro poderá variar (Figura 2.11).

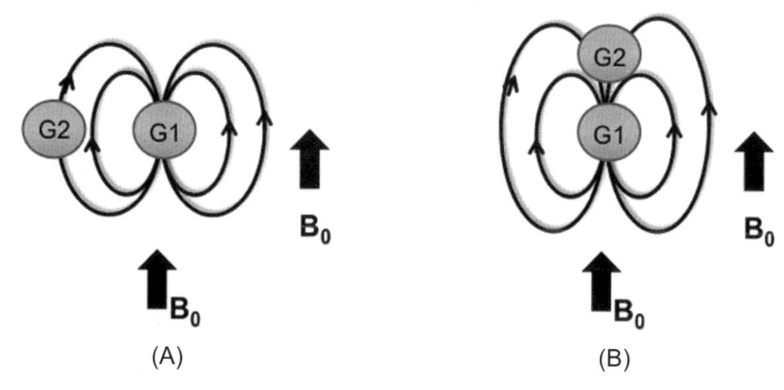

Figura 2.11 Efeito do momento magnético induzido por B_0 em G1 no grupo G2. São mostradas as linhas de força do campo induzido em G1. (A) A posição entre G1 e G2 (raio G1-G2) é perpendicular ao campo: nesse caso, G2 está em uma região em que as linhas de força se somam ao campo B_0, o que causa a desblindagem do grupo G2 por G1. (B) A distância entre G1 e G2 é paralela ao campo: G2 se encontra em uma região na qual as linhas de força do campo se opõem à B_0; G2 está sendo blindado por G1. Adaptada de HARRIS, 1986.

Como se observa na Figura 2.11, dependendo de qual for a orientação da molécula com relação ao campo magnético B_0, o momento magnético induzido em um grupo (no caso chamado G1) poderá causar a blindagem ou a desblindagem em outro grupo ou átomo (neste caso, G2).

Quando pensamos em RMN no estado sólido, tal efeito de anisotropia é de grande importância. No entanto, em RMN em solução, em geral, considera-se que a rápida orientação das moléculas em solução leva a um efeito líquido igual a zero. Desse modo, afirmamos que o meio é isotrópico, e não anisotrópico. No entanto, para moléculas com alta densidade eletrônica, esse efeito pode ser observado também em solução.

Na Figura 2.12, é possível compreender as diferenças de deslocamento químico observadas para os compostos da Tabela 2.2 (acetileno, benzeno e hidrogênio aldeídico).

Observe que o hidrogênio aldeídico está em uma região na qual as linhas de força do campo magnético se somam ao campo B_0, o que o torna mais desblindado. O mesmo ocorre para os hidrogênios aromáticos. Já para o hidrogênio do acetileno, nota-se que ele se encontra em uma região na qual as linhas de força se opõem ao campo B_0, o que significa que ele está mais blindado do que o esperado, se considerássemos somente os efeitos eletrônicos.

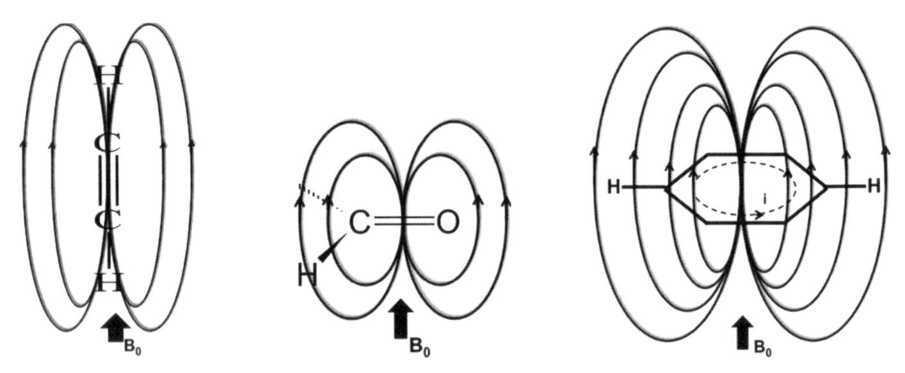

Figura 2.12 Efeito de anisotropia para acetileno, hidrogênio aldeídico e benzeno, respectivamente. O deslocamento químico observado está diretamente relacionado com a orientação da molécula a respeito do campo magnético B_0, o que pode aumentar a blindagem (caso do acetileno) ou desblindagem (caso do benzeno e do hidrogênio aldeídico). Compare-a com a Figura 2.11.

Um exemplo espetacular de anisotropia comumente apresentado é o 18-anuleno (Figura 2.13). Nele, os hidrogênios internos estão com alto grau de blindagem – o deslocamento químico observado é negativo – e os externos apresentam um alto grau de desblindagem.

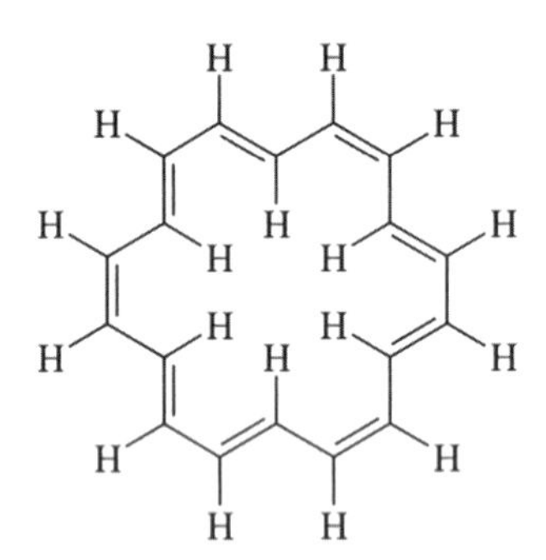

Figura 2.13 Anisotropia na molécula do 18-anuleno. Os hidrogênios internos apresentam δ -1,8 ppm e os externos, δ 8,9 ppm, apesar de não existir diferença de eletronegatividade que justifique esses valores. As correntes de anel induzidas pelos elétrons criam regiões de alta blindagem e desblindagem para o sistema.

2.5 ACOPLAMENTO *SPIN-SPIN*

Na Figura 2.6, foi possível analisar o espectro de hidrogênio do etanol, com três sinais que foram explicados por meio da diferença de blindagem dos hidrogênios da molécula em ambientes químicos variados. A Figura 2.14 apresenta um espectro de etanol obtido em um equipamento de campo mais alto.

A Figura 2.14B mostra os três sinais mais espalhados (dispersos), como seria de se esperar em um equipamento de maior campo. Vale lembrar que o campo mais alto aumenta a dispersão, embora o valor de δ continue o mesmo. No entanto, também pode ser observado que os sinais não correspondem a um único sinal (chamado simpleto), mas que eles se desdobram em outros. No caso do espectro na Figura 2.14B, temos como resultado um tripleto, um quinteto e outro tripleto, da esquerda à direita, respectivamente.

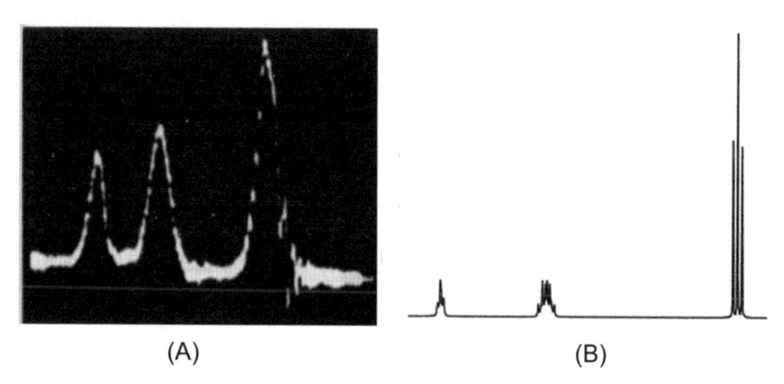

Figura 2.14 Espectro do etanol em um equipamento de 30 MHz (A) comparado ao espectro simulado teoricamente para um equipamento de 600 MHz (B).

Esse desdobramento pode ser explicado pelo chamado acoplamento *spin-spin*. A base deste conceito está em interações entre os elétrons e os núcleos atômicos: os elétrons de uma ligação A–B são capazes de transmitir a informação sobre o estado de *spin* do núcleo A ao B e vice-versa. A teoria que está por trás desse mecanismo pode ser encontrada em livros mais avançados, incluindo a teoria quântica da RMN[3,4], sendo necessários conhecimentos que vão além dos objetivos deste livro.

No entanto, existe uma forma de entendê-lo sem recorrer a essa teoria, que se chama **modelo vetorial de Dirac**. Neste, é possível representar como os elétrons participam no acoplamento de uma forma vetorial bem simples. Ele está fundamentado em três princípios:

- o *spin* de um elétron de uma ligação pode adotar uma orientação com relação ao *spin* nuclear, e essa orientação pode ser paralela ou antiparalela. O sistema é mais estável quando o *spin* eletrônico é antiparalelo ao *spin* nuclear;
- o princípio da exclusão de Pauli, segundo o qual os elétrons que ocupam um mesmo orbital devem ter *spins* antiparalelos; e
- a regra de Hund, que menciona a distribuição dos elétrons em orbitais. Elétrons que estejam em orbitais diferentes apresentam *spins* paralelos como situação de menor energia, ou seja, maior estabilidade.

---

[3] *Aspectos quânticos da ressonância magnética nuclear*, de José Daniel Figueroa-Villar, da série Fundamentos da RMN e suas aplicações, editado pela AUREMN (3. ed., 2009).

[4] *Ressonância magnética nuclear*, de Carlos F. G. C. Geraldes e Vitor M. S. Gil, Editora Calouste Gulbenkian, Portugal, 2002.

A Figura 2.15 ilustra essas três proposições para algumas situações diferentes, mostrando que a configuração relativa dos *spins* nucleares e a sua correspondente estabilidade dependem do número de ligações que separa os núcleos em questão. Na figura, os *spins* nucleares estão representados em cinza e os spins eletrônicos em preto. Na Figura 2.15A mostra-se o caso de dois núcleos (carbono-13 e hidrogênio, por exemplo) separados por uma única ligação. Se analisarmos da esquerda para a direita, o tracejado cinza claro mostra *spin* eletrônico e *spin* nuclear antiparalelos (menor energia para o sistema); em preto, está o princípio da exclusão de Pauli, em que os elétrons da ligação devem ser antiparalelos (menor energia); o tracejado em cinza claro se repete e, ao final, temos o *spin* eletrônico e o *spin* nuclear H antiparalelos (menor energia). Essa é a situação de menor energia para o sistema. Note que os *spins* nucleares de C e H são antiparalelos nesse caso. Quando são paralelos, há uma situação de maior energia, que é o caso ilustrado na Figura 2.15B. O caso de dois núcleos, hidrogênio e hidrogênio, por exemplo (agora consideraremos o carbono como sendo o isótopo ^{12}C, sem atividade em RMN), separados por duas ligações, é mostrado nas Figuras 2.15C e 2.15D. Os tracejados cinza claro e preto são análogos ao que é visto nas Figuras 2.15A e 2.15B; já o cinza escuro mostra a regra de Hund. Na Figura 2.15C, da esquerda para a direita: o tracejado cinza claro mostra o *spin* eletrônico e *spin* nuclear (menor energia para o sistema); o tracejado preto, os elétrons da ligação são antiparalelos (Pauli, menor energia) e, no tracejado cinza escuro, aplica-se a regra de Hund, em que os elétrons estão em orbitais diferentes e, portanto, devem ser paralelos. Na ligação seguinte (a outra ligação C-H), temos novamente os tracejados preto e cinza claro. Note que os *spins* nucleares (em cinza), nessa configuração de menor energia, são paralelos. A Figura 2.15D mostra uma situação análoga à da Figura 2.15C, na qual os núcleos de hidrogênio estão separados por duas ligações, mas em situação de maior energia.

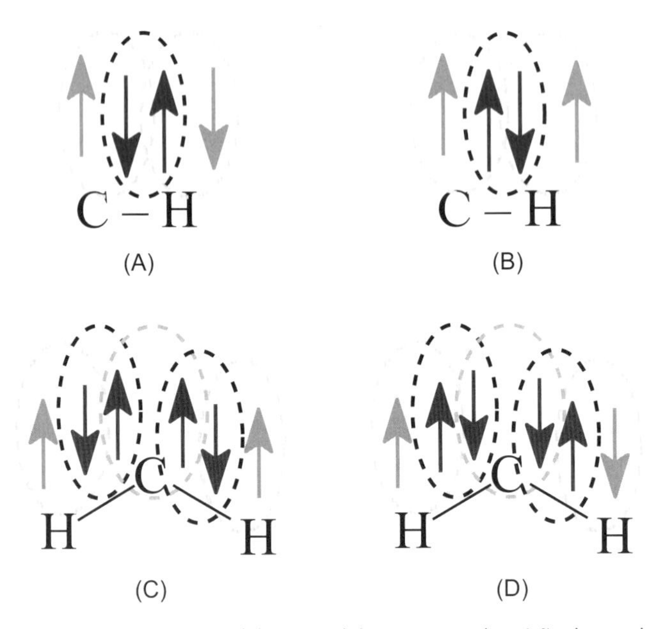

Figura 2.15 Princípios que norteiam o modelo vetorial de Dirac para descrição do acoplamento *spin-spin*.

A análise da Figura 2.15 indica que a influência do estado de um *spin* em outro, por meio dos elétrons da ligação, gera diferentes condições energéticas. Para entender o efeito que o acoplamento tem no espectro, vamos tomar como exemplo um sistema com uma ligação ^{1}H - ^{13}C.

Inicialmente, como os *spins* estão randomicamente orientados, não há nenhuma diferença de energia. Os estados são ditos degenerados (Figura 2.16).

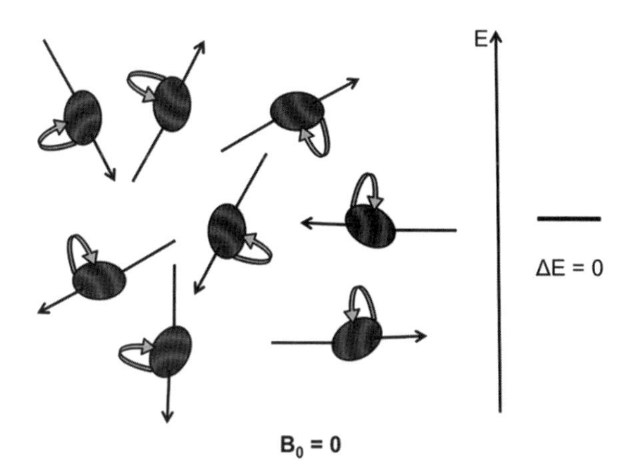

Figura 2.16 Sem aplicação de um campo magnético, os *spins* encontram-se randomicamente orientados. Não há diferença de energia.

Como abordado anteriormente, ao aplicar o campo magnético, os *spins* nucleares assumem orientações definidas, o que dá origem a níveis com diferentes energias. No caso do hidrogênio ($I = 1/2$), vimos que são possíveis dois níveis de energia, denominados α, o de menor energia, e β, o de maior (Figura 2.2). Sem a presença de outro núcleo vizinho a ele, o espectro obtido será um simpleto, pois só temos um hidrogênio isolado, o que corresponde a um único ambiente químico. Vamos supor então que esse núcleo de hidrogênio esteja ligado a um núcleo de carbono-13 - obviamente, ele é diferente do hidrogênio –, que também é ativo em RMN, ou seja, é afetado pelo campo magnético aplicado e seus *spins* também serão orientados. Da mesma forma que o hidrogênio, o carbono-13 apresenta $I = 1/2$. Isso significa que o carbono-13 terá desdobramento de seus níveis energéticos em α e β. A diferença está apenas no valor de ΔE entre esses níveis. Lembre-se que ΔE é proporcional à constante magnetogírica; como as constantes magnetogíricas são diferentes para hidrogênio e carbono-13, o valor de ΔE também será diferente. Assim, temos os estados α e β do hidrogênio e α e β do carbono. Por meio da análise da Figura 2.15, notou-se que são possíveis diferentes estados energéticos. Para esse sistema, serão possíveis os estados: $\alpha\alpha$, $\alpha\beta$, $\beta\alpha$ e $\beta\beta$ (Figura 2.17). A partir daqui, será considerado que a primeira letra se refere sempre ao estado do hidrogênio e a segunda ao do carbono-13.

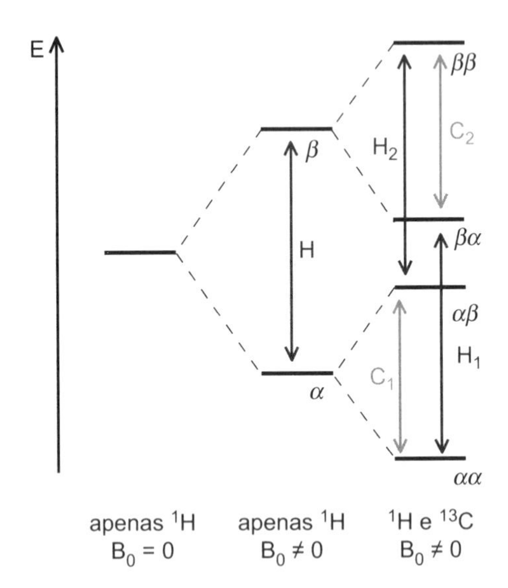

Figura 2.17 Possíveis estados energéticos para um sistema $^{1}H - {}^{13}C$.

Na Figura 2.17, estamos considerando inicialmente como se existisse somente o núcleo de hidrogênio sem aplicação de campo magnético. Voltamos à situação descrita na Figura 2.16. Se imaginarmos um hidrogênio sem que ele esteja ligado ao carbono-13, teremos o seguinte: ao aplicarmos o campo B_0, cria-se a diferença de energia e tem-se os níveis α e β. Já estudamos que um espectro de hidrogênio desse núcleo, nessa situação, consistiria unicamente de um simpleto (Figura 2.18A). No entanto, se considerarmos o carbono-13 ligado diretamente a esse hidrogênio, teremos o desdobramento dos níveis para esse novo sistema (Figura 2.17). Na Figura 2.17 são mostradas as possíveis transições para os núcleos de hidrogênio (H) e carbono-13 (C). Já convencionamos a primeira letra para o hidrogênio e a segunda para o carbono. Assim, se houver uma mudança na primeira, teremos uma transição para o hidrogênio. Por exemplo, uma transição que ocorra de $\alpha\alpha$ para $\beta\alpha$ ou de $\alpha\beta$ para $\beta\beta$, descritas na Figura 2.17 como H_1 e H_2, respectivamente. Quando a alteração ocorrer na segunda letra, será uma transição para o carbono-13, tal como uma transição de $\alpha\alpha$ para $\alpha\beta$ ou de $\beta\alpha$ para $\beta\beta$, representadas na Figura 2.17 como C_1 e C_2, respectivamente. Como o desdobramento do nível α em $\alpha\alpha$ e $\alpha\beta$ é igual ao desdobramento do nível β em $\beta\alpha$ e $\beta\beta$, as transições H_1 e H_2 têm a mesma frequência ($\nu_{H1} = \nu_{H2} = \nu_H$); de forma análoga, $\nu_{C1} = \nu_{C2} = \nu_C$. Assim, se fizermos espectros de hidrogênio e de carbono-13, o sinal observado será apenas um simpleto para ambos os casos, sendo que a diferença será a frequência de absorção (indicados na Figura 2.18B como ν_H e ν_C), uma vez que os valores de ΔE, como já foi mencionado, são diferentes (Figura 2.18B).

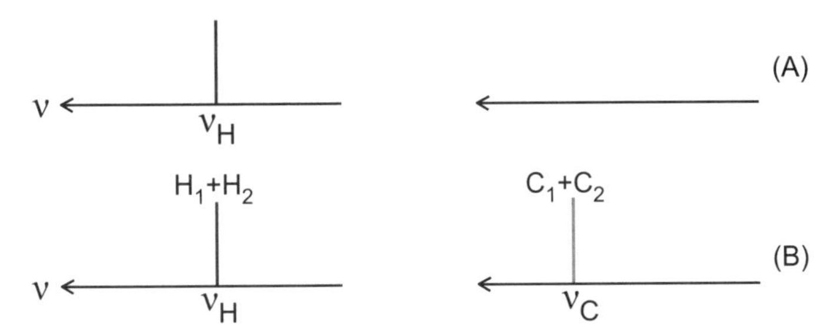

Figura 2.18 Simulação dos espectros para as situações descritas na Figura 2.17. (A) Espectro para o diagrama energético considerando apenas o ^1H (não existirá sinal para o carbono); (B) espectro para o diagrama energético levando-se em conta ^1H-^{13}C cada um isoladamente. À esquerda, espectro de hidrogênio e à direita, espectro de carbono-13.

Neste ponto, vale a pena lembrar que toda técnica espectroscópica tem regras de seleção para que as transições ocorram. Na RMN, isso não é diferente. A regra de seleção em RMN é descrita por $\Delta m_I = \pm 1$. Para o estado α, temos $m_I = +\frac{1}{2}$ e no β, $m_I = -\frac{1}{2}$. A respeito do caso do sistema descrito, os valores de m_I serão: +1 para $\alpha\alpha$; zero para $\alpha\beta$ e $\beta\alpha$; e -1 para $\beta\beta$. Todas as transições possíveis para esse sistema de dois *spins* e o respectivo valor de Δm_I estão descritos na Tabela 2.3.

Tabela 2.3 Possíveis transições nucleares para um sistema de dois *spins* diferentes.

Transição (estado inicial → estado final)	Δm_I ($m_{Ifinal} - m_{Iinicial}$)
$\alpha\alpha \rightarrow \alpha\beta$	0 – (+1) = -1
$\alpha\alpha \rightarrow \beta\alpha$	0 – (+1) = -1
$\alpha\alpha \rightarrow \beta\beta$	(-1) – (+1) = -2
$\alpha\beta \rightarrow \beta\alpha$	0 – 0 = 0
$\alpha\beta \rightarrow \beta\beta$	-1 – (0)= -1
$\beta\alpha \rightarrow \beta\beta$	-1 – (0) = -1

Transições com $\Delta m_I = \pm 1$ são chamadas de *quantum* simples; se $\Delta m_I = \pm 2$, são transições de duplo *quanta*; aquelas em que $\Delta m_I = 0$, são de zero *quantum*. Apenas as transições de *quantum* simples são observáveis em RMN. Por isso, não foram mencionadas na Figura 2.17 as transições $\alpha\beta \rightarrow \beta\alpha$ e $\alpha\alpha \rightarrow \beta\beta$.

Retomando a Figura 2.17, não se levou um fator em consideração: os princípios estudados anteriormente para a formulação vetorial de Dirac. Como H e C estão distantes a apenas uma ligação, a configuração de menor energia (Figura 2.15A) será para os *spins* nucleares antiparalelos; já para os spins nucleares paralelos, ao contrário, será uma situação de maior energia.

Ao considerar tal influência dos elétrons da ligação nos *spins* nucleares, pode-se concluir que os estados $\alpha\alpha$ e $\beta\beta$ terão uma energia maior do que havíamos colocado antes, pois ambos têm os *spins* nucleares paralelos, situação de maior energia para núcleos separados com apenas uma ligação. Assim, os níveis de energia serão superior ao que foi representado na Figura 2.17. O mesmo vale para os níveis $\alpha\beta$ e $\beta\alpha$, como os *spins* nucleares são antiparalelos, será então uma situação de menor energia. Portanto, estarão em nível de energia inferior ao que foi apresentado na Figura 2.17. Essas diferenças estão na Figura 2.19.

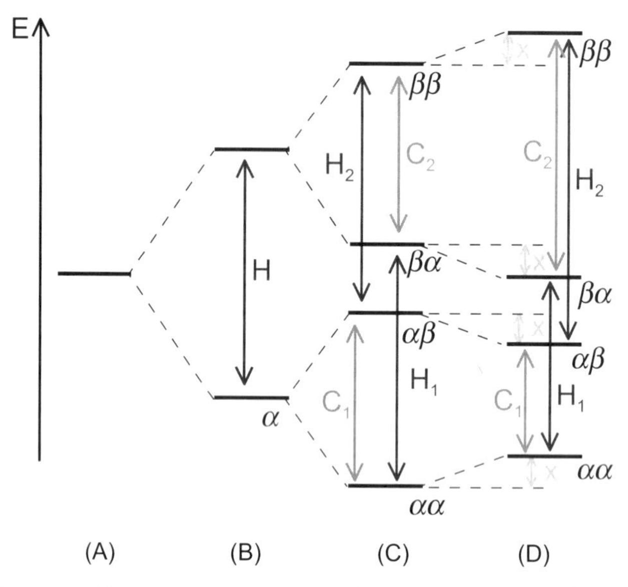

Figura 2.19 Gráfico energético para um sistema de dois *spins* (exemplificado aqui para ^{1}H-^{13}C): (A) apenas o ^{1}H, sem aplicação de B_0; (B) somente ^{1}H na presença de B_0; (C) ^{1}H e ^{13}C ligados, considerando a orientação de ambos com relação a B_0 (mesmo da Figura 2.17); (D) considerando o modelo vetorial de Dirac. Observe que os níveis $\alpha\alpha$ e $\beta\beta$ tiveram sua energia aumentada com relação ao que foi representado em (C), uma vez que *spins* paralelos caracterizam uma situação de maior energia. Já os níveis $\alpha\beta$ e $\beta\alpha$ tiveram sua energia diminuída quando comparados a (C), pois seus *spins* são antiparalelos (menor energia). Note que a quantidade de energia que um acresce é a mesma que o outro decresce; na figura está assinalada como *x*.

Baseando-se nessas diferenças e verificando as frequências das transições, teremos o que é mostrado na Tabela 2.4.

Tabela 2.4 Frequências das transições representadas na Figura 2.19.

Transição	Situação (C) – Figura 2.19	Situação (D) – Figura 2.19
H_1	ν_H	$\nu_H - 2x$
H_2	ν_H	$\nu_H + 2x$
C_1	ν_C	$\nu_C - 2x$
C_2	ν_C	$\nu_C + 2x$

Os resultados da Tabela 2.4 indicam que as duas transições H_1 e H_2 que ocorriam antes a uma frequência ν_H, agora acontecem separadamente, uma a $+2x$ e outra a $-2x$ da frequência ν_H. O mesmo pode ser observado para o caso das transições C_1 e C_2. O espectro final será como mostrado na Figura 2.20. Seria interessante compará-lo com os espectros da Figura 2.18. Esse desdobramento do sinal é o que chamamos de acoplamento *spin-spin*, ou seja, quando um núcleo acopla com outro gerando o desdobramento do sinal observado.

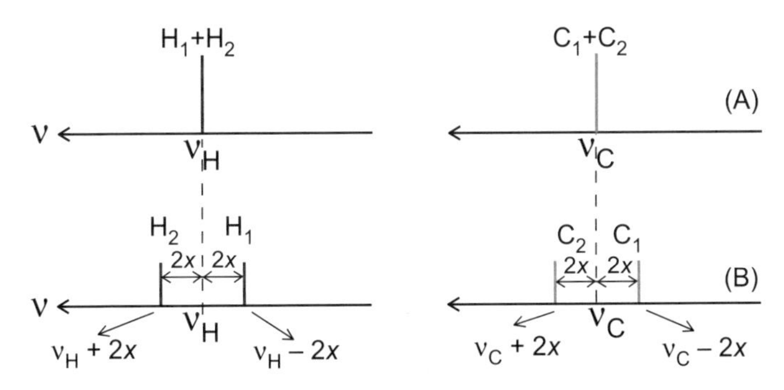

Figura 2.20 (A) Simulação de espectro do sistema ^1H-^{13}C sem acoplamento (idem ao que é mostrado na Figura 2.18B); (B) espectros de hidrogênio e carbono-13 após acoplamento. Observe que houve desdobramento do sinal (de simpleto passou a dupleto) e agora cada sinal corresponde a uma das possíveis transições, o que faz com que cada uma das componentes do dupleto tenha a mesma intensidade e que ambas correspondam à metade da intensidade do simpleto. À esquerda, espectro de hidrogênio e à direita, de carbono-13.

Alguns comentários e conclusões podem ser feitos a partir do que foi exposto:

- A intensidade do sinal ocorria em função de duas transições; após acoplamento, cada sinal resultante do desdobramento correspondeu a apenas uma transição; portanto, para o dupleto, a intensidade de cada componente será relacionada à metade da intensidade do sinal quando era simpleto e cada componente do dupleto terá a mesma intensidade relativa de 1:1.

- A distância entre os dois picos resultantes do desdobramento é igual a $4x$, tanto para H_1 e H_2 como para C_1 e C_2. Esse valor é chamado **constante de acoplamento** e é simbolizado pela letra J. Então, a constante de acoplamento do H com o C é a mesma do C com o H. De uma forma geral, se um núcleo A acopla com um núcleo B, com uma constante de acoplamento J_{AB}, então B acopla com A com o mesmo valor. Ou seja, $J_{BA} = J_{AB}$. Isso decorre do fato de que a energia de estabilização dos níveis $\alpha\beta$ e $\beta\alpha$, observada na Figura 2.19D e representada por x, é a mesma energia de desestabilização para $\alpha\alpha$ e $\beta\beta$, uma vez que os níveis de energia e as interações que estamos estudando referem-se ao mesmo sistema (no caso, ^1H e ^{13}C).
- Podemos ter constantes de acoplamento a uma, duas, três, quatro ou mais ligações, dependendo do tipo de ligação e da geometria do composto. Essas constantes são denotadas, respectivamente, por ^1J, ^2J, ^3J, ^4J etc. De uma forma geral, chamamos a constante de acoplamento a uma ligação (^1J) de **constante de acoplamento a curta distância**. As demais são chamadas **constantes de acoplamento a longa distância** e denotadas, de forma genérica, como ^nJ, $n > 1$.

O que aconteceria se agora tivéssemos três núcleos acoplando? Seriam possíveis os níveis energéticos $\alpha\alpha\alpha$, $\alpha\alpha\beta$, $\alpha\beta\alpha$, $\beta\alpha\alpha$, $\alpha\beta\beta$, $\beta\alpha\beta$, $\beta\beta\alpha$ e $\beta\beta\beta$. Para sabermos o desdobramento do sinal, teríamos que realizar o procedimento descrito, considerando os oito níveis energéticos. O caso ficaria mais trabalhoso ainda se fossem quatro núcleos ($\alpha\alpha\alpha\alpha$, $\alpha\alpha\alpha\beta$, $\alpha\alpha\beta\alpha$, $\alpha\beta\alpha\alpha$, $\beta\alpha\alpha\alpha$, $\alpha\alpha\beta\beta$, $\alpha\beta\alpha\beta$, $\beta\alpha\alpha\beta$, $\alpha\beta\beta\alpha$, $\beta\alpha\beta\alpha$, $\beta\beta\alpha\alpha$, $\alpha\beta\beta\beta$, $\beta\alpha\beta\beta$, $\beta\beta\alpha\beta$, $\beta\beta\beta\alpha$ e $\beta\beta\beta\beta$) para descobrirmos quantos sinais seriam resultantes do desdobramento e o número de transições que ocorrem em cada frequência para sabermos a intensidade relativa dos sinais.

Felizmente, temos algumas ferramentas simples que nos dão o resultado de todo este trabalho sem termos que executá-lo.

Para descobrir quantos sinais resultam do desdobramento, basta utilizarmos a relação da Equação (2.12):

$$\text{número de sinais} = 2nI + 1 \quad (2.12)$$

em que n é o número de núcleos vizinhos com os quais acopla o núcleo que estamos analisando e I é o número de *spin* do núcleo. Como estamos trabalhando apenas núcleos em que $I = 1/2$, podemos simplificar para a Equação (2.13):

$$\text{número de sinais} = n + 1 \quad (2.13)$$

Portanto, basta adicionarmos uma unidade ao número de núcleos vizinhos e saberemos o desdobramento, que é chamado de multiplicidade do sinal. Por exemplo, se um núcleo tem dois vizinhos com os quais se acopla, o sinal será um tripleto (= 2 + 1); se o núcleo tiver três vizinhos, o sinal será um quarteto (= 3 + 1), e assim por diante.

Vejamos alguns exemplos simples.

Exemplo 1: Vamos prever como será o espectro de hidrogênio do acetato de etila.

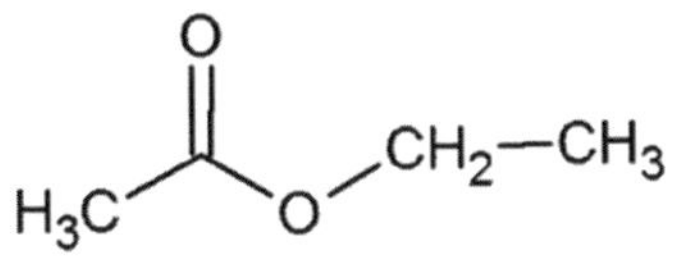

$H_3C-C(=O)-O-CH_2-CH_3$

Em primeiro lugar, vamos considerar – e isso realmente acontece – que o carbono-13 não vai aparecer no espectro de hidrogênio, uma vez que o seu sinal será pouco intenso, dada a sua abundância natural (1,1%) quando comparada à do hidrogênio. Abordaremos mais um pouco a respeito disso ao estudar a RMN do carbono-13.

Para tal composto, existem três ambientes químicos diferentes para o hidrogênio: o grupo $-CH_3$ vizinho à carbonila, o $-CH_2$ e o $-CH_3$ vizinho ao $-CH_2$. O espectro apresentará, portanto, três sinais. Para verificarmos o desdobramento, devemos seguir a relação $n + 1$. Para sabermos o número de vizinhos, temos que analisar ^1J, ^2J... O valor de ^1J corresponde à constante de acoplamento entre H e C. Como já mencionado, este acoplamento não vai aparecer no espectro. Desse modo, não precisamos considerá-lo. ^2J refere-se a acoplamentos entre hidrogênios geminais, ou seja, que se encontram ligados ao mesmo átomo de carbono. É o caso dos três hidrogênios de cada uma das metilas e dos dois hidrogênios do grupo CH_2. Como esses hidrogênios encontram-se todos em um mesmo ambiente químico, não há acoplamento. Lembre-se: para que haja acoplamento, os núcleos em questão devem ser diferentes. ^3J refere-se a hidrogênios vicinais, ou seja, que se encontram ligados a carbonos diferentes e vizinhos. Os valores de ^4J e ^5J, quando existem, são muito pequenos, dada a distância entre os núcleos que vão acoplar. Mais adiante, vamos discutir sobre os fatores que influenciam o valor da constante de acoplamento. Assim, por ora, vamos considerar somente vizinhos de até três ligações.

Ao calcular o desdobramento do sinal para cada hidrogênio:

- CH_3 vizinho à carbonila – não há vizinhos; os hidrogênios do CH_2 encontram-se a quatro ligações de distância; portanto, não acoplam. O sinal será um simpleto.
- Grupo CH_2 – três vizinhos do grupo CH_3 que se encontram a três ligações. O sinal será um quarteto (3 + 1 = 4).
- Grupo CH_3 – dois vizinhos do CH_2; portanto, o sinal será um tripleto (2 + 1 = 3).

Além da multiplicidade (desdobramento dos sinais), devemos nos lembrar de que um espectro da RMN de hidrogênio também apresenta informação quantitativa (quantos núcleos absorvem naquela frequência) e o valor do deslocamento químico. Essas três informações nos permitem determinar a estrutura de um composto. O espectro do acetato de etila com todas essas informações encontra-se na Figura 2.21.

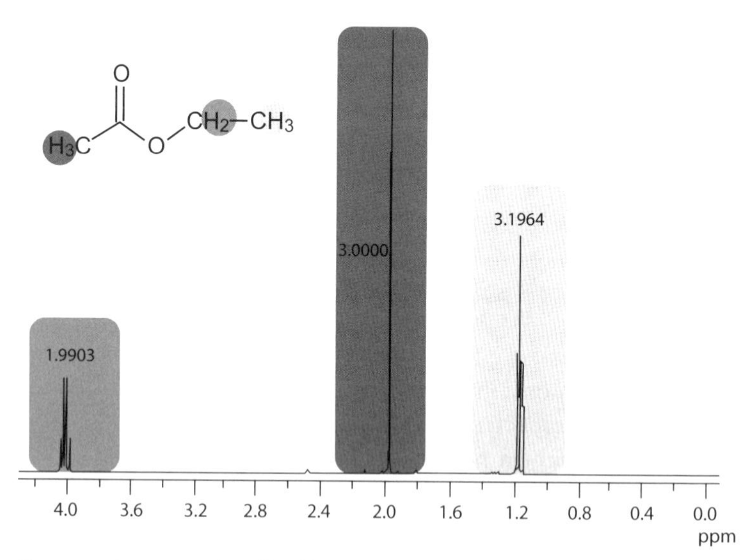

Figura 2.21 Espectro do acetato de etila. Observe a integração relativa dos sinais (números acima dos picos), a multiplicidade e o deslocamento químico. Os núcleos mais desblindados são os hidrogênios do CH_2 em função da maior proximidade com o átomo de oxigênio eletronegativo.

Exemplo 2: Como será o espectro de RMN de hidrogênio do composto 1-clorobutano?

$$Cl - \overset{1}{C}H_2 - \overset{2}{C}H_2 - \overset{3}{C}H_2 - \overset{4}{C}H_3$$

É possível verificar que existem quatro diferentes ambientes químicos, de acordo com os graus de blindagem/desblindagem diferentes, os quais estão numerados na estrutura.

Para sabermos a multiplicidade dos sinais, usaremos novamente a regra $n + 1$.

- Para a metila 4 – existem dois vizinhos, os hidrogênios do CH_2 (3). Assim, o sinal será um tripleto (2 + 1 = 3).
- Para o CH_2 (3) – nota-se que existem vizinhos a esse hidrogênio, os três hidrogênios da metila 4 e mais dois hidrogênios do grupo CH_2 (2). Ao todo, são cinco vizinhos; portanto, o sinal será um sexteto (5 + 1 = 6).
- Grupo CH_2 (2) – tem como vizinhos os dois hidrogênios do grupo CH_2 (1) e mais dois hidrogênios do CH_2 (3), totalizando quatro vizinhos. O sinal será, portanto, um quinteto (4 + 1 = 5).
- Grupo CH_2 (1) – inclui somente os dois hidrogênios do CH_2 (2) como vizinhos. Seu sinal será um tripleto (2 + 1 = 3).

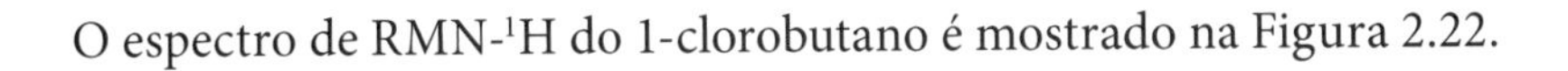

O espectro de RMN-^{1}H do 1-clorobutano é mostrado na Figura 2.22.

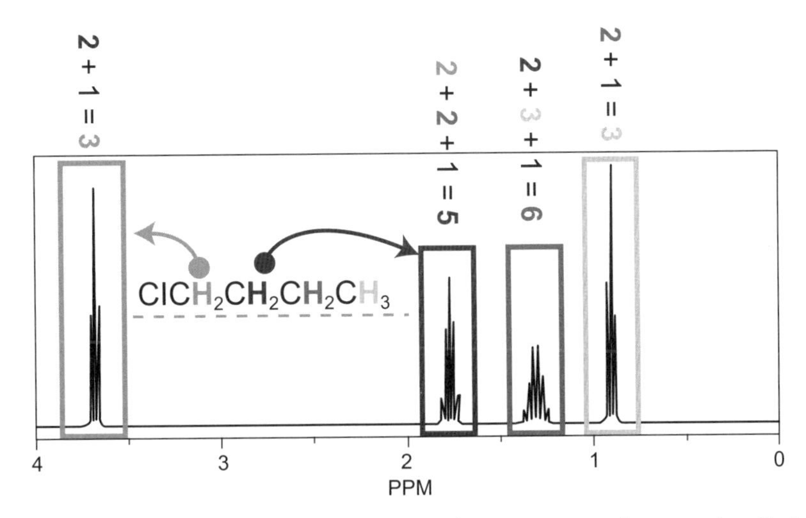

Figura 2.22 Espectro de RMN de hidrogênio do 1-clorobutano, mostrando a regra (n + 1). Cada hidrogênio em ambiente químico diferente é representado por cores diferentes. Figura extraída do *link:* <http://orgo.curvedarrow.com/punbb/viewtopic.php?pid=428>.

Nas Figuras 2.21 e 2.22, é possível notar que as componentes dos multipletos não apresentam as mesmas intensidades. Como estudado, essas intensidades estão relacionadas ao número de transições que ocorrerão naquela frequência. Novamente, teríamos que recorrer ao gráfico energético, com todos os níveis, para saber quantas transições ocorrem em cada uma das frequências. No entanto, utilizando-se de uma ferramenta matemática simples, podemos obtê-las. A Figura 2.23 ilustra o triângulo de Pascal.

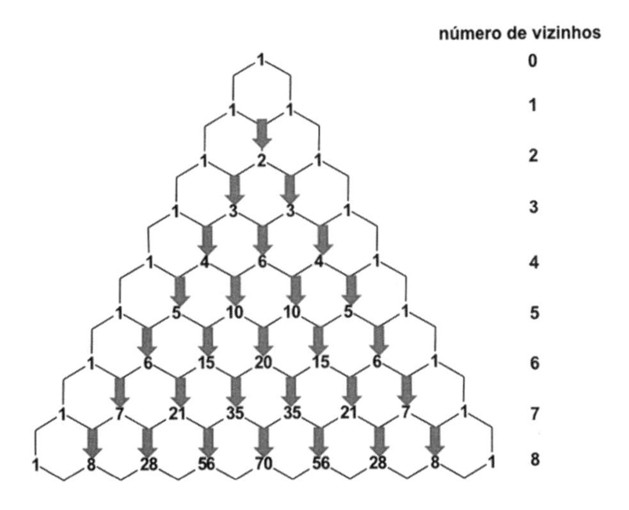

Figura 2.23 Triângulo de Pascal.

Esse triângulo é construído de forma que o início e o final de cada linha sejam o número 1. Se adicionarmos dois valores consecutivos em uma linha, obteremos o total que será escrito na linha debaixo. Na Figura 2.23, isso é mostrado por meio de uma seta cinza, que corresponde à soma dos números de onde ela vem. Para encontrarmos as intensidades relativas das componentes de um multipleto, devemos olhar primeiro quantas componentes tem esse multipleto; em seguida, basta ir ao número da linha correspondente e serão observadas as intensidades. Por exemplo, para conhecer a intensidade de um tripleto (dois vizinhos), olhamos a terceira linha: a intensidade relativa das componentes será 1:2:1. Se for um quarteto (quarta linha), será 1:3:3:1; um quinteto, 1:4:6:4:1, e assim por diante.

Seguem alguns pontos importantes a serem considerados nos multipletos:

- um multipleto é sempre simétrico com relação ao seu centro;
- a distância entre cada um dos picos de um multipleto corresponde ao valor da constante de acoplamento J;
- os picos mais externos são sempre menos intensos que os mais internos;
- o valor de J não se altera com o campo. Se ocorrer superposição dos sinais de núcleos diferentes em um campo mais baixo, em um campo mais alto, haverá uma maior dispersão desses sinais – como já mencionado –, e eles podem vir a se separar. Mas o valor da constante J será o mesmo.

2.6 A CONSTANTE DE ACOPLAMENTO

Agora que já entendemos um pouco sobre o que é o acoplamento, como ele ocorre e quais são as suas consequências no espectro de RMN, podemos abordar um pouco sobre a constante de acoplamento J.

Alguns fatores podem favorecer o acoplamento entre dois núcleos (o que aumenta o valor de J) ou prejudicá-lo (o que diminui o valor de J). Por exemplo, para ^1J (acoplamento a uma ligação), podemos observar, pela Tabela 2.5, que o aumento do valor de J está diretamente relacionado com a hibridização dos orbitais atômicos envolvidos na ligação CH.

Tabela 2.5 Alguns valores de ^1J.

Composto	$^1J_{CH}$ (Hz)	Hibridização do carbono
CH_3CH_3	125	sp^3
$H_2C=CH_2$	157	sp^2
C_6H_6 (benzeno)	159	sp^2
$HC \equiv CH$	249	sp

Valores de ^2J (acoplamentos a duas ligações) em compostos orgânicos referem-se, na maior parte dos casos, ao acoplamento entre hidrogênios geminais, ou seja, ligados ao mesmo carbono. Daí também ser chamado de **acoplamento geminal**. Em geral, esses hidrogênios estão em um mesmo ambiente químico e, portanto, não acoplam. Por exemplo, os três hidrogênios de um grupo metila experimentam o mesmo ambiente magnético, uma vez que o carbono ao qual estão ligados pode girar livremente. Na média, esses hidrogênios sentem o mesmo ambiente. Existem casos, no entanto, em que hidrogênios ligados a um mesmo carbono podem ser diferentes; e se o forem, acoplam entre si. Esses hidrogênios são conhecidos por diasterotópicos, como é o caso dos hidrogênios de um grupo CH_2 vizinho a um centro quiral.

Na Figura 2.24, os hidrogênios diasterotópicos do grupo CH_2 vizinho a um centro quiral estão indicados em preto negrito e cinza, conhecidos por pró-quirais. Um teste comum para verificar se dois hidrogênios são, ou não, diasterotópicos consiste em substituí-los por um grupo qualquer (na Figura 2.24 representado por G). Se os compostos obtidos forem diasteroisômeros entre si, eles são diasterotópicos e, portanto, diferentes e acoplam entre si. Caso os compostos obtidos forem enantiômeros entre si, os hidrogênios são ditos enantiotópicos e não são diferenciáveis por RMN na maioria dos casos[5], dando origem a um único sinal. Se os compostos resultantes forem iguais, os hidrogênios são ditos homotópicos, estão em um mesmo ambiente magnético, então, não acoplam entre si e absorvem na mesma frequência. O composto mostrado na Figura 2.24 ilustra o caso para hidrogênios diasterotópicos.

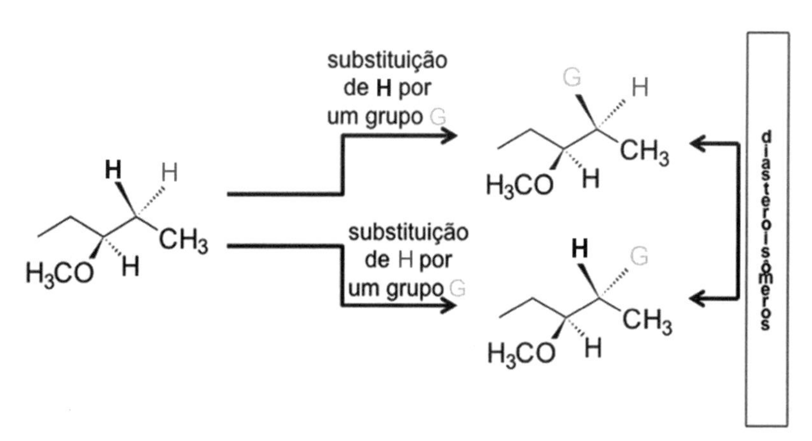

Figura 2.24 Hidrogênios diasterotópicos do grupo CH_2 vizinho ao centro quiral (indicados em preto negrito e cinza). Adaptada do *link:* <www.masterorganicchemistry.com/2012/04/17/homotopic-enantiotopic-diastereotopic/>.

O acoplamento mais comum é, com certeza, o acoplamento a três ligações (^3J). Porém, ele também será observado (como em todo acoplamento) somente entre

---

[5] Existem casos em que esses hidrogênios podem ser diferenciados em termos de conformação da molécula.

hidrogênios diferentes. ^3J refere-se aos hidrogênios que estão ligados a carbonos diferentes e vizinhos, por isso é conhecido como acoplamento vicinal. Os valores dessas constantes dependem do ângulo torsional entre os hidrogênios que acoplam (Figura 2.25) e são descritos matematicamente pela relação empírica de Karplus, como visto na Equação (2.14):

$$J = A + B\cos\phi + C\cos(2\phi) \tag{2.14}$$

em que A, B e C são constantes derivadas empiricamente para cada tipo de constante de acoplamento, por exemplo, $^3J_{HNH\alpha}$ ou $^3J_{H\alpha H\beta}$. Essa variação de ^3J com ϕ está na Figura 2.25, da qual pode deduzir-se que, para ângulos próximos de 0° e 180°, a constante ^3J atinge valores maiores, mas, para ângulos próximos de 90°, os valores são minimizados.

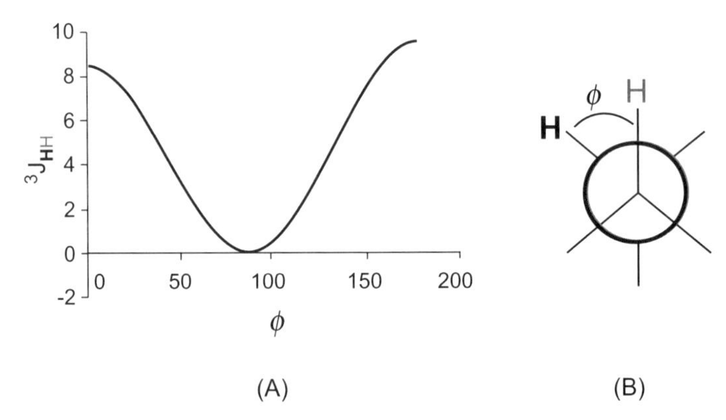

Figura 2.25 Acoplamento vicinal (^3J). (A) Representação gráfica da equação de Karplus exemplificada para A = 4,22; B = -0,5 e C = 4,5. (B) Esquema mostrando o ângulo torsional entre dois hidrogênios. Esses valores da constante de acoplamento ^3J podem ser obtidos em: <www.stenutz.eu/conf/jhh.html> (HAASNOOT, C.A.G.; DELEEUW, F.A.A.M.; ALTONA, C. Generalized $^3J_{HH}$ calculation acc. *Tetrahedron*, v. 36, n. 1980, p. 2783-2792), no qual é apresentada uma melhor parametrização dos valores, levando-se em consideração a eletronegatividade dos substituintes do anel. Também é possível o oposto. A partir de um valor de ^3J, pode-se determinar o ângulo entre dois hidrogênios.

A Figura 2.26 inclui alguns modelos clássicos. Por exemplo, o caso do cicloexano. Na sua forma cadeira, conformação mais estável, existem hidrogênios axiais e equatoriais que à temperatura ambiente são iguais devido à interconversão entre os confôrmeros. No entanto, eles podem ser diferentes se tivermos grupos volumosos ligados ao anel (como é o caso do grupo *t*-butil). Sendo diferentes, os hidrogênios podem acoplar entre si. Observe os valores das constantes de acoplamento, que estão relacionados com o ângulo diedro entre os hidrogênios em questão. De forma similar, isômeros *cis* e *trans* dos alcenos podem ser diferenciados por meio das constantes de acoplamento entre os hidrogênios vicinais (Figura 2.26D).

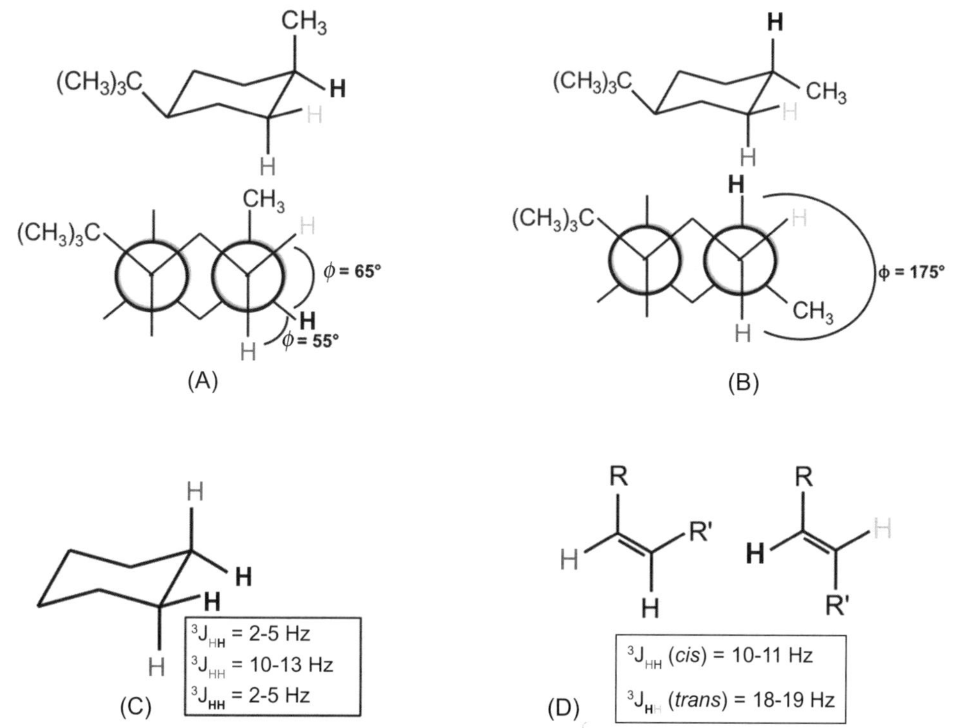

Figura 2.26 Exemplos dos valores de ^{3}J segundo o ângulo diedro. (A) *cis*-4-terc-butil-1-metilcicloexano; J_{HH} = 4,0 Hz (axial/**equatorial**); J_{HH} = 3,5 Hz (equatorial/**equatorial**). (B) *trans*-4-terc-butil-1-metilcicloexano; J_{HH} = 12,0 Hz (axial/**axial**). Compare os isômeros *cis* e *trans*: para hidrogênios com ângulos próximos a 60° (portanto, mais próximos de 90° e mais distantes de 180°), são observados valores inferiores de J. (C) Valores típicos observados para as constantes de acoplamento entre hidrogênios axiais e equatoriais no cicloexano. Em cinza, estão os hidrogênios em posição axial e, em preto (em negrito), os que se encontram em posição equatorial. (D) Outro sistema possível de se estudar a partir dos valores de J: isômeros *cis* e *trans* em alcenos. A partir dos valores dos ângulos diedros, é possível estudar a conformação dos diferentes isômeros. Adaptada de: <www2.chemistry.msu.edu/faculty/reusch/VirtTxtJml/Spectrpy/nmr/nmr2.htm>.

Vale lembrar que, para estudos conformacionais, a variação de temperatura é um fator importantíssimo e definirá a conformação preferida por uma determinada molécula. A aquisição dos espectros de hidrogênio com temperatura variável é possível em um equipamento de RMN e faz com que essa técnica tenha grande aplicação na determinação de conformações.

Por último, acoplamentos a quatro ou cinco ligações (^{4}J e ^{5}J, respectivamente) são pouco comuns e os valores são bem pequenos, sendo mais observados em compostos cíclicos. Esses acoplamentos tendem a ocorrer quando a geometria da molécula é favorável. Em geral, o "caminho" entre as ligações forma um W ou Z. A Figura 2.27 mostra alguns exemplos, ressaltando o W. Um exemplo comum desses acoplamentos é observado entre hidrogênios aromáticos em posição meta (^{4}J) e entre hidrogênios de alcenos (que podem ser ^{4}J e/ou ^{5}J).

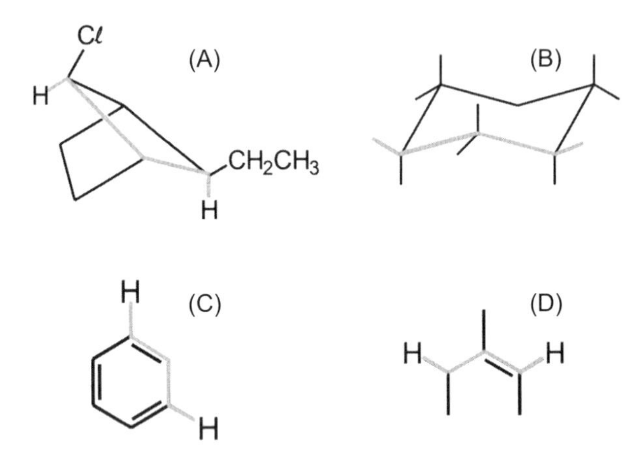

Figura 2.27 Alguns exemplos de acoplamentos a quatro ligações. Observe o W destacado em cinza. (A, B e C) Compostos cíclicos; (D) alceno.

2.7 MAIS SOBRE ACOPLAMENTO

Foi comentado no item anterior que a distância entre os picos de um multipleto corresponde à constante de acoplamento J. Assim, se tivermos o composto $CH_3CH_2CH_2Cl$, serão obtidos três sinais:

- Primeiro – metila, que acopla com os dois hidrogênios ($n = 2$) do CH_2 vizinho (^3J), dando origem a um tripleto. A distância entre seus picos corresponde ao valor de ^3J:

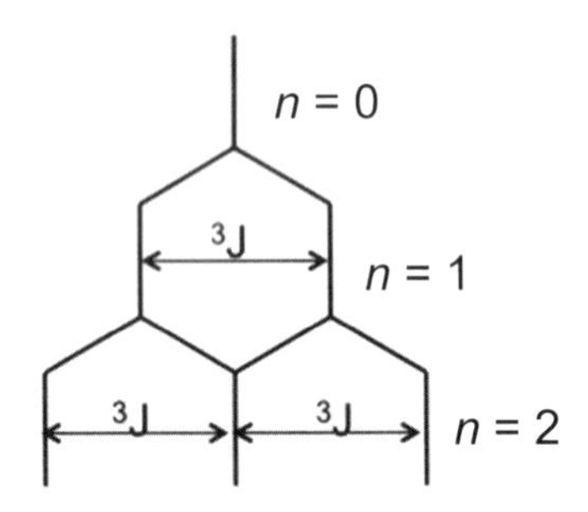

- Segundo – CH_2 central, que acopla com os três hidrogênios da metila (^3J) e com os dois hidrogênios do outro grupo CH_2 (também ^3J). Cinco vizinhos ($n = 5$) dão origem a um sexteto, em que a distância entre cada um dos picos vizinhos do sexteto será ^3J:

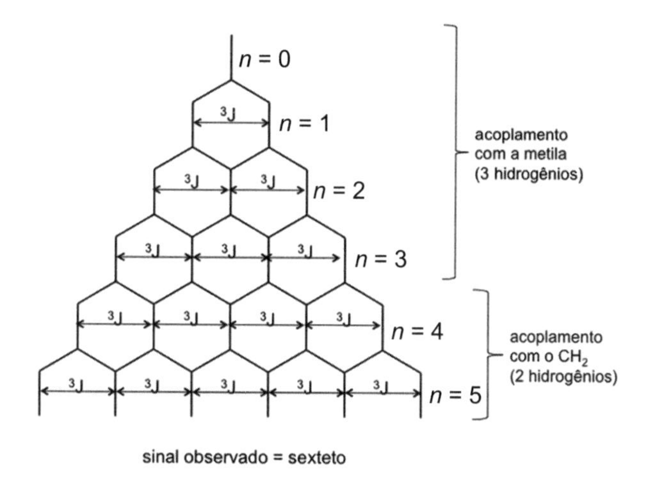

- Terceiro – CH_2 ligado ao cloro, que originará um tripleto, em função do acoplamento com os dois hidrogênios do outro grupo CH_2 (^3J), análogo ao que foi apresentado para os hidrogênios do grupo metila.

Se tivermos o composto cloroeteno ou o 1-cloropropeno, em que os valores das constantes de acoplamento são diferentes, o que ocorrerá (Figura 2.28)?

2 H, 1 H, 3 H – C=C – Cl

(A)

2 H, 1 H, 3 H_3C – C=C – Cl

(B)

Figura 2.28 Estruturas do (A) cloroeteno e (B) 1-cloropropeno.

No cloroeteno, H_1 acopla com H_2 e H_3, ambos os acoplamentos ocorrem a três ligações. Mas sabemos que, como o ângulo diedro é diferente, o valor de J não será o mesmo. Na verdade, os valores aproximados para essas constantes de acoplamento são $^3J_{H1H2} = J_{cis} = 10$ Hz e $^3J_{H1H3} = J_{trans} = 17$ Hz. Como será a multiplicidade do sinal? Se a distância entre os picos equivale ao valor de J, qual é o resultado com dois valores distintos? O mesmo ocorre no cloropropeno, em que H_1 acopla com H_2 e H_3, com valores de ^3J e ^4J, respectivamente ($^3J > {}^4J$).

Para esses casos, o mais fácil é considerarmos sempre a maior constante e, em seguida, a menor. Ao levarmos em conta a primeira, teremos uma multiplicidade. Depois, ao considerarmos a menor, cada pico do multipleto obtido anteriormente será desdobrado segundo essa nova constante.

Vejamos o caso de H_1 no cloroeteno. A constante de acoplamento com H_3 é maior do que com H_2. Desse modo, o acoplamento entre H_1 e H_3 será primeiramente abordado. Por termos apenas um hidrogênio H_3, H_1 acoplará com somente um vizinho, dando origem a um dupleto. Em seguida, devemos considerar o hidrogênio H_2 (também apenas um). Isso significa que, acoplando com H_2, também teremos um dupleto: cada componente do dupleto anterior se desdobra em outro dupleto. O sinal é chamado "dupleto de dupletos" (Figura 2.29A).

Para o caso do cloropropeno, o sinal obtido para H_1 é função do acoplamento com H_2 (um apenas) e H_3 (três hidrogênios desse tipo). Como a constante entre H_1 e H_2 é maior, começamos por essa. Ao acoplar com um hidrogênio H_2, obtemos um dupleto. Considerando agora os três hidrogênios H_3, teremos um quarteto. Cada sinal do dupleto se desdobra em quatro. O sinal resultante é chamado "dupleto de quartetos" (Figura 2.29B).

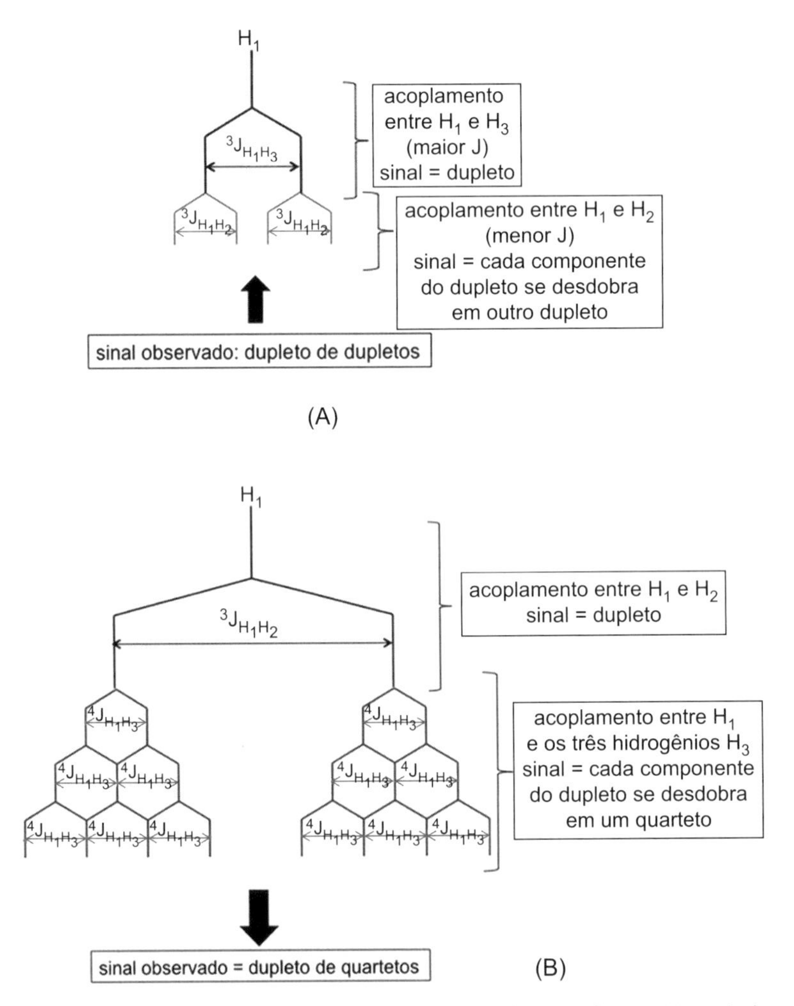

Figura 2.29 (A) Sinal originado para H_1 no cloroeteno; (B) sinal originado para H_1 no 1-cloropropeno.

Esse tipo de informação sobre acoplamentos é muito útil no trabalho de elucidação estrutural. Uma importante aplicação é na diferenciação entre benzenos substituídos. Quem trabalha ou já trabalhou com infravermelho, conhece a dificuldade em se diferenciar benzenos di-, tri- ou polissubstituídos. Caso seja identificado como dissubstituído, será difícil saber se tal substituição está em posição relativa *orto*, *meta* ou *para*. A identificação de benzenos substituídos por RMN é muito fácil.

Os hidrogênios aromáticos são desblindados por anisotropia, e o seu deslocamento químico fica, em média, entre 7,0 a 8,5 ppm. Essa faixa da janela espectral do hidrogênio é chamada de **região aromática**. Para sabermos o grau de substituição, basta olharmos a integração nessa região do espectro. O benzeno tem seis hidrogênios, se ele for monossubstituído, a integral será equivalente a cinco hidrogênios; se for dissubstituído, será equivalente a quatro hidrogênios, e assim por diante (Figura 2.30).

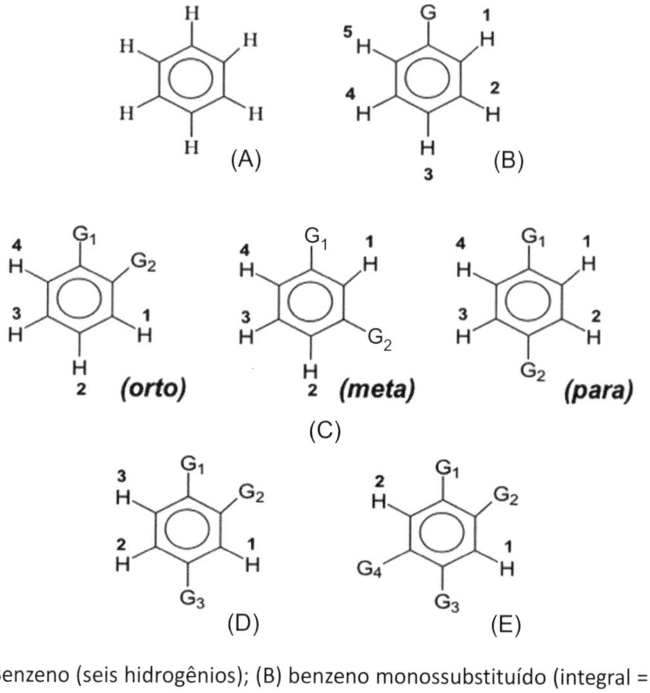

Figura 2.30 (A) Benzeno (seis hidrogênios); (B) benzeno monossubstituído (integral = 5); (C) benzeno dissubstituído (integral = 4), com as posições relativas *orto*, *meta* e *para*; (D) benzeno trissubstituído (integral = 3) e (E) benzeno tetrassubstituído (integral = 2). Em todos os casos, G_i representa um grupo ou átomo qualquer.

Imagine caso queiramos realizar uma diferenciação entre benzenos dissubstituídos *orto*, *meta* ou *para* (Figura 2.30C). Todos os quatro hidrogênios são aromáticos. Isso significa que não é possível diferenciá-los com base apenas na integração. Vamos então passar à próxima informação que um espectro de RMN nos fornece: deslocamento químico, o qual está relacionado ao ambiente químico.

Vamos supor que os grupos ligados ao anel são diferentes, ou seja, $G_1 \neq G_2$. Nesse caso, para o dissubstituído em *orto*, teremos que $H_1 \neq H_2 \neq H_3 \neq H_4$, ou seja, quatro ambientes químicos diferentes. O mesmo será observado para o composto dissubstituído em *meta*. Isso significa que, tanto para o isômero *orto* como para o *meta*, existirão quatro sinais. Se olharmos, no entanto, o composto dissubstituído em *para*, veremos que existem apenas dois ambientes químicos para hidrogênio, pois $H_1 = H_4$ e $H_2 = H_3$. Logo, apenas dois sinais serão observados na região aromática. Ou seja, o número de sinais (relacionado ao número de ambientes químicos) é capaz de distinguir um composto *para* dos isômeros *orto* e *meta*, mas não é suficiente para diferenciar os dois últimos um do outro.

Há ainda outra informação disponível no espectro de RMN: a multiplicidade. O desdobramento do sinal será diferente se os acoplamentos forem distintos. Vamos começar olhando o composto dissubstituído em *orto*. Os possíveis acoplamentos para os diferentes hidrogênios do anel estão resumidos na Tabela 2.6, em que a coluna da esquerda representa o hidrogênio que está sendo analisado e a numeração leva em conta a estrutura apresentada na Figura 2.30; já a da direita mostra os possíveis acoplamentos para o hidrogênio da coluna à esquerda. As constantes de acoplamento para hidrogênios cuja posição relativa é *orto* ($^3J_{orto}$) é maior que a constante para a posição relativa *meta* ($^4J_{meta}$). Essa constante ($^4J_{meta}$) é o caso de acoplamento em W, que foi mostrado na Figura 2.27. A constante $^5J_{para}$ (0 – 1 Hz) é muito pequena e pode ser desconsiderada na maioria das vezes.

Tabela 2.6 Possíveis acoplamentos para os hidrogênios do anel benzênico dissubstituído em posição *orto*.

Número do hidrogênio	Acoplamento com (posição relativa)
H_1	H_2 (*orto*); H_3 (*meta*)
H_2	H_1 e H_3 (*orto*); H_4 (*meta*)
H_3	H_2 e H_4 (*orto*); H_1 (*meta*)
H_4	H_3 (*orto*); H_2 (*meta*)

Desse modo, se nos basearmos nos possíveis acoplamentos descritos na Tabela 2.6, poderemos prever como será o sinal para cada um dos hidrogênios aromáticos. Por exemplo, para H_1, considerando primeiro a constante maior (*orto*), temos apenas um H_2, o que origina um dupleto. Com relação ao acoplamento menor (*meta*), temos também um único hidrogênio (H_3), o que faz surgir outro dupleto; ou seja, cada sinal do dupleto maior se desdobrará em outro dupleto e teremos um dupleto de dupletos (ou duplo dupleto) (Figura 2.31).

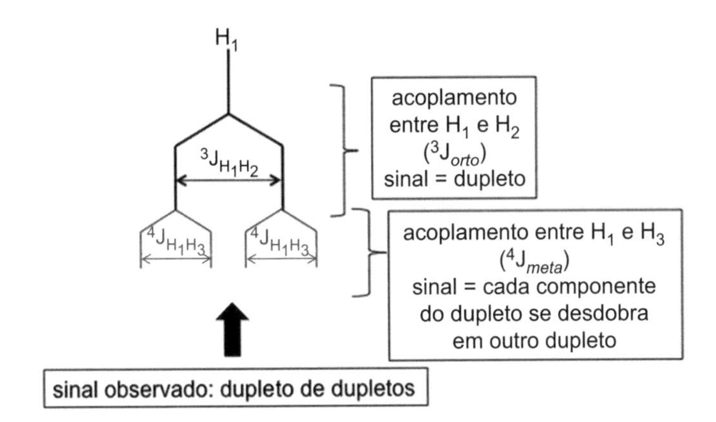

Figura 2.31 Sinal originado para H_1 no composto dissubstituído *orto*.

Se quisermos saber a multiplicidade do sinal de H_2, devemos verificar primeiro novamente a constante maior (*orto*). Como temos dois hidrogênios nessa posição (H_1 e H_3), o sinal será um tripleto (2 + 1 = 3). Passando para a menor (*meta*), só temos um hidrogênio nessa posição (H_4), e o sinal devido a esse acoplamento será um dupleto. Cada componente do tripleto, em função do acoplamento em *orto*, se desdobrará em um dupleto. O sinal resultante será um tripleto de dupletos (ou duplo tripleto) (Figura 2.32).

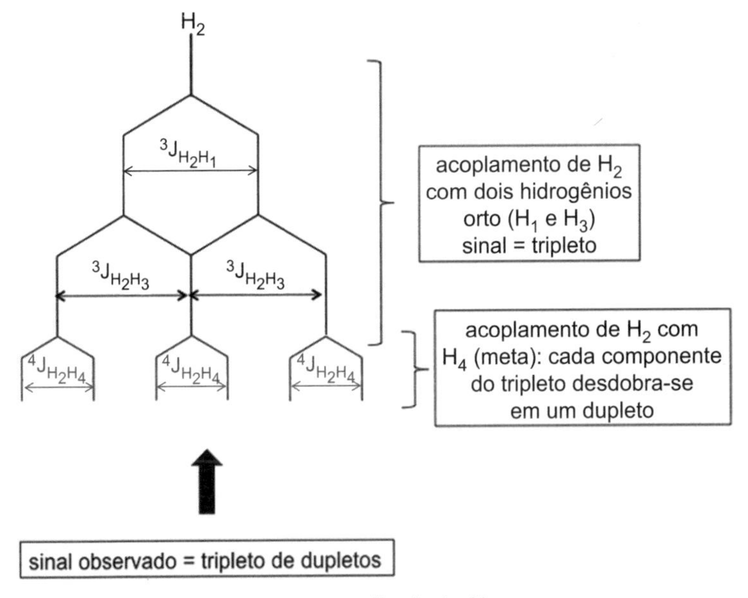

Figura 2.32 Sinal originado para H_2 no composto dissubstituído *orto*.

Ao avaliarmos os sinais de H_3 e de H_4, veremos que o sinal de H_3 terá a mesma multiplicidade que H_2; e a multiplicidade de H_4 será a mesma de H_1. Para isso, basta olhar os tipos de acoplamentos descritos na Tabela 2.6. Portanto, o espectro de RMN de um benzeno dissubstituído em *orto* (com os grupos $G_1 \neq G_2$) apresentará quatro sinais, sendo dois deles descritos como dupletos de dupletos e os outros dois, tripletos de dupletos. Esse padrão de acoplamento pode ser observado na Figura 2.33.

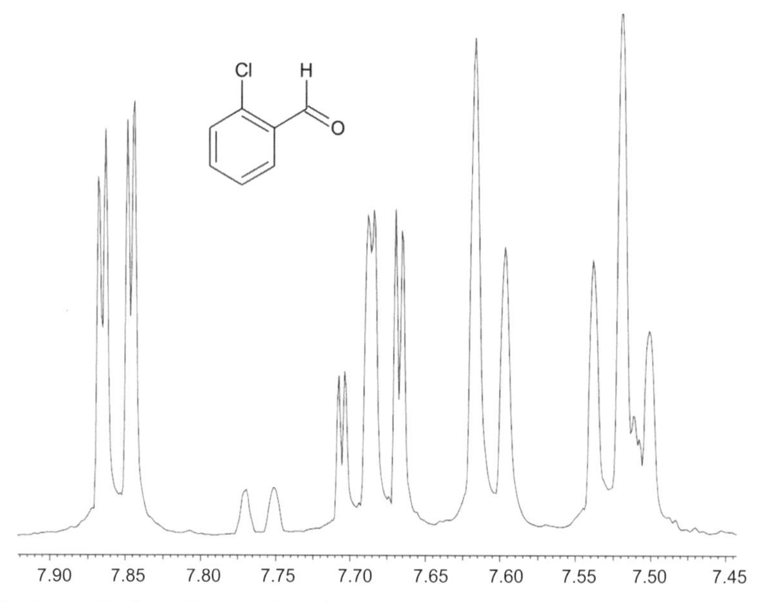

Figura 2.33 Expansão da região aromática do espectro de RMN-^{1}H do composto *o*-clorobenzaldeído. Observe que a resolução dos dois primeiros sinais (maior deslocamento químico) permite verificar os padrões de acoplamento descritos no texto, o que não é possível para os outros dois sinais de menor deslocamento químico, por razões que não serão aqui discutidas. Apenas o acoplamento a ^3J é observado. O dupleto largo em ~7,76 ppm corresponde à impureza na amostra.

Para o composto dissubstituído em *meta*, os acoplamentos estão resumidos na Tabela 2.7, análogo ao que foi feito na Tabela 2.6.

Tabela 2.7 Possíveis acoplamentos para os hidrogênios do anel benzênico dissubstituído em *meta*.

Número do hidrogênio	Acoplamento com (posição relativa)
H_1	H_2 e H_4 (*meta*)
H_2	H_3 (*orto*); H_1 e H_4 (*meta*)
H_3	H_2 e H_4 (*orto*)
H_4	H_3 (*orto*); H_1 e H_2 (*meta*)

Ao comparar as Tabelas 2.7 e 2.6, é possível esperar diferenças nos sinais observados na região aromática. Por exemplo, olhando o sinal de H_1: esse hidrogênio acopla apenas com dois hidrogênios na posição *meta* (H_2 e H_4); como a posição relativa é a mesma, o valor da constante de acoplamento é o mesmo. O sinal de H_1 será simplesmente um tripleto. O mesmo ocorre para H_3. A única diferença entre os dois tripletos é o valor da distância entre as suas componentes: para H_1 ($^4J_{meta}$), ele é menor do que para H_3 ($^3J_{orto}$), como visto na Figura 2.34.

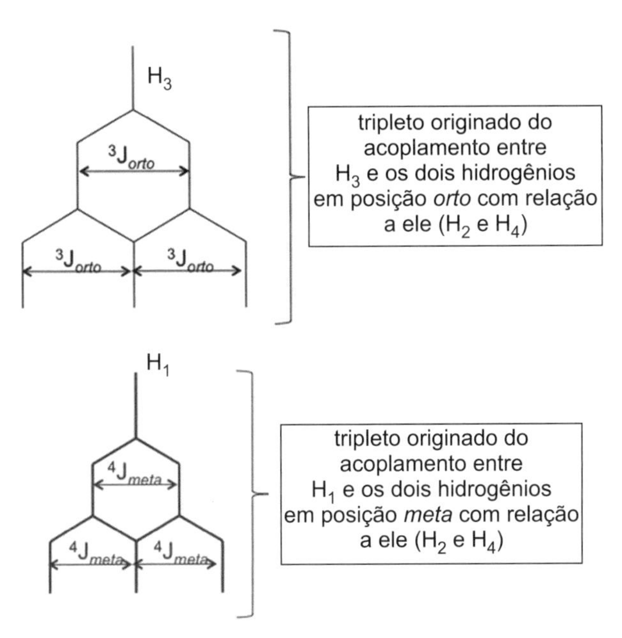

Figura 2.34 Sinais para H_1 e H_3 no composto dissubstituído *meta*. Observe que a constante de acoplamento envolvida é diferente apesar de ambos os sinais serem tripletos.

Atentando-se ao sinal de H_2, esse hidrogênio acopla em *orto* (maior constante primeiro) com apenas um hidrogênio (H_3), o que origina um dupleto. Em *meta*, acopla com outros dois (H_1 e H_4), originando um tripleto. Assim, cada sinal do dupleto advindo do acoplamento em *orto* será desdobrado em tripleto. O sinal resultante é um dupleto de tripletos (Figura 2.35).

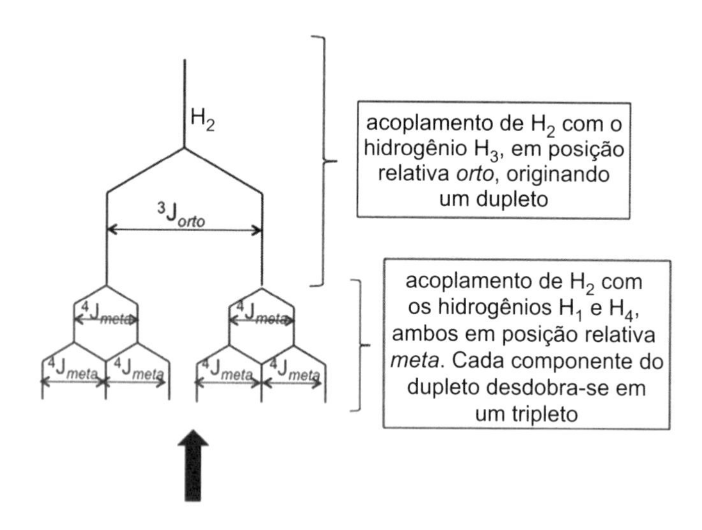

Figura 2.35 Sinal originado para H_2 no composto dissubstituído *meta*.

Ao examinar os acoplamentos descritos na Tabela 2.7, é possível ver que, de forma análoga a H_2, o sinal de H_4 também será um dupleto de tripletos. O padrão de acoplamento observado na região aromática para um composto dissubstituído em *meta* pode ser observado na Figura 2.36.

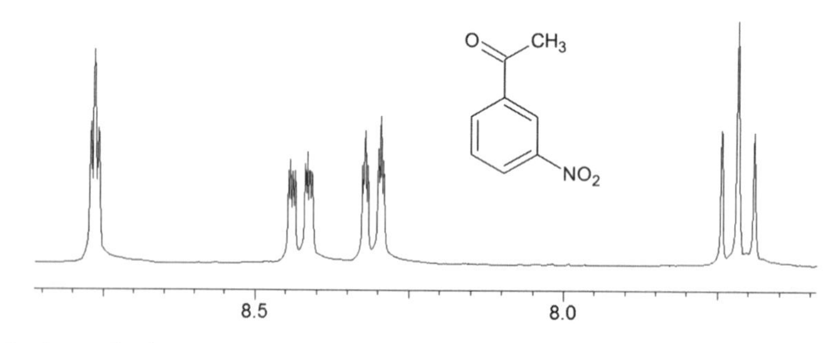

Figura 2.36 Expansão da região aromática do espectro de RMN-^{1}H do composto *m*-nitroacetofenona.

No caso do composto dissubstituído em posição *para*, os dois sinais originados serão dois dupletos, em função do acoplamento com apenas um único hidrogênio em posição *orto* (Figura 2.37).

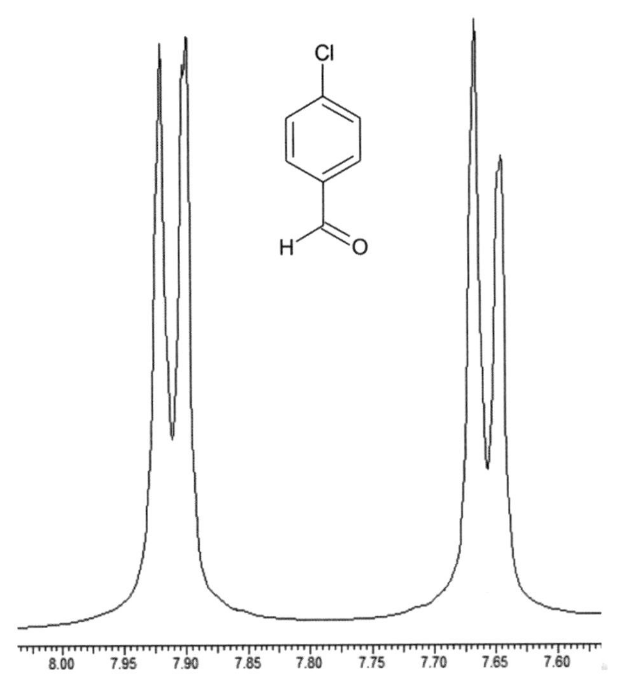

Figura 2.37 Expansão da região aromática do espectro de RMN-^{1}H do composto *p*-clorobenzaldeído.

É importante ressaltar ainda que esses padrões de acoplamento podem ser alterados por vários motivos, entre eles a eletronegatividade dos substituintes do anel, a qual pode mudar a constante de acoplamento entre os átomos de hidrogênio. Por exemplo, observe o espectro da *m*-nitroanilina apresentado na Figura 2.38. O padrão de acoplamento é diferente daquele descrito anteriormente: os tripletos continuam, mas não temos mais dupletos de tripletos. Isso se deve ao fato de que o grupo nitro (forte retirador de elétrons por indução e ressonância) presente no anel altera o valor das constantes de acoplamento. Outro conceito que também interfere nesses padrões de acoplamento é o que chamamos de equivalência magnética dos núcleos, porém não vamos abordá-lo aqui[6]. O que importa no momento é perceber que, por meio da RMN, podemos facilmente fazer uma distinção entre os isômeros *orto*, *meta* e *para* substituídos de um composto.

---

[6] Este livro é introdutório, portanto as informações aqui apresentadas também são. Outros fatores acerca do acoplamento e de seus efeitos nos espectros não foram comentados nesta obra. Para uma ideia, veja, por exemplo, nos *links:* <www.chem.wisc.edu/areas/reich/nmr/05-hmr-16-virt-coupl.htm> e <http://nmr-analysis.blogspot.ca/2008/01/1h-nmr-analysis-common-myths-and.html>.

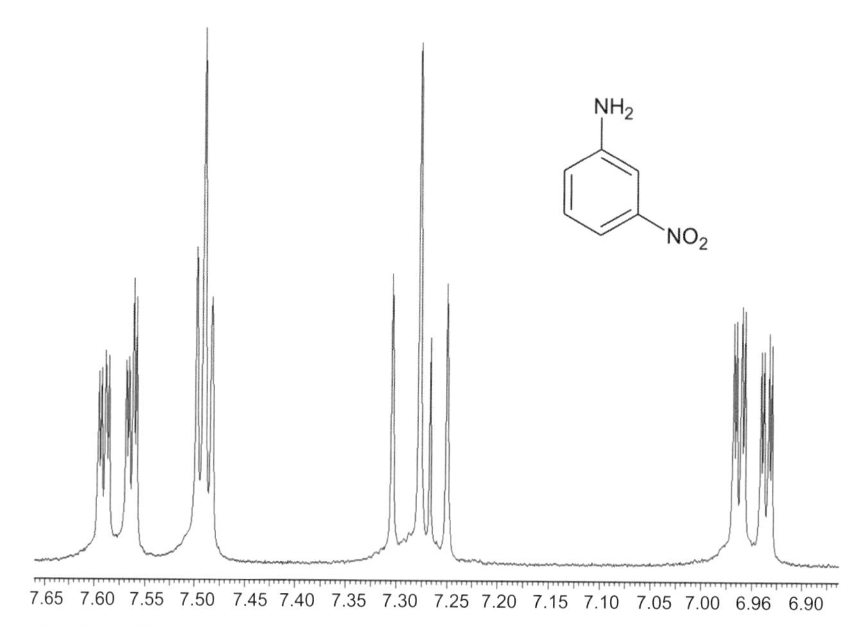

Figura 2.38 Expansão da região aromática do espectro de RMN-^{1}H do composto *m*-nitroanilina. O sinal em 7,27 ppm refere-se ao clorofórmio (solvente).

CAPÍTULO 3

Pulsos em ressonância magnética nuclear

3.1 A MAGNETIZAÇÃO LÍQUIDA – FID

No Capítulo 2, foram apresentados vários conceitos que são importantíssimos para entendermos as informações fornecidas em um espectro de RMN e sem as quais não conseguimos determinar a estrutura dos compostos. No entanto, nada foi mencionado a respeito de como tais dados são obtidos, ou seja, como é gerado um sinal em RMN e como é obtido o espectro.

O fenômeno físico em outras formas de espectroscopia, como infravermelho ou ultravioleta, pode ser facilmente compreendido observando-se uma determinada transição entre níveis diferentes de energia, pela emissão ou absorção de um fóton associada àquela transição. Em RMN, é diferente, já que o sinal, uma vez gerado, pode durar alguns segundos, ainda que as transições já tenham ocorrido. Isso faz com que seja muito mais prático analisar os efeitos da radiação eletromagnética, considerando-se a resultante da magnetização do sistema em equilíbrio – chamada **magnetização líquida** –, pois o seu comportamento em um campo magnético pode ser facilmente descrito na forma de vetores[1].

Ao descrevermos um sistema vetorialmente, é conveniente – desde que possível – trabalharmos com a resultante dos vetores, ao invés de fazê-lo com vários vetores. Para se obter a resultante do sistema em equilíbrio, devemos voltar à Figura 2.4, na qual é mostrado o cone de precessão nuclear. Essa figura mostra que temos vários

---

1 Apenas os experimentos mais simples podem ser descritos de forma vetorial. Para aqueles que não podem, é necessária a representação por meio dos operadores de *spin*. Essa abordagem permite a descrição detalhada dos experimentos em RMN e fornece informações que não são possíveis de serem obtidas pela descrição vetorial.

vetores no espaço tridimensional *xyz*. Para encontrar a resultante, deveremos projetá-los nos eixos *x*, *y* e *z*. No nosso caso, fica fácil se olharmos as projeções no eixo *z*, que é definido para a direção do campo magnético B_0, e no plano *xy*, no qual detectamos os sinais. A Figura 3.1 exibe o cone de precessão da Figura 2.4 e as projeções mencionadas.

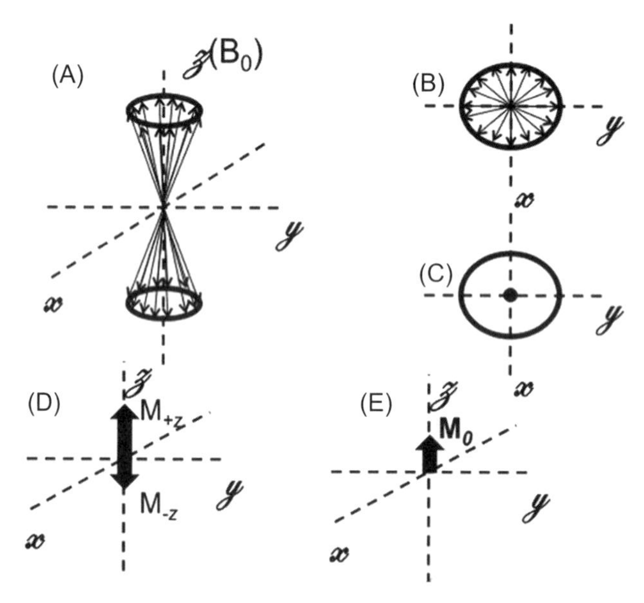

Figura 3.1 (A) cone de precessão (idem à Figura 2.4); (B) projeção no plano *xy*; (C) resultante no plano *xy*; (D) projeção no eixo *z* e (E) resultante no eixo *z*. Para maiores detalhes, vide texto.

Ao observar a projeção no plano *xy* (Figura 3.1B), como a velocidade de rotação e o torque são constantes, existe uma simetria entre os vetores no plano. Portanto, a resultante no plano *xy* será nula (Figura 3.1C). No eixo *z*, teremos as componentes da projeção em +*z* e –*z* (Figura 3.1D). No Capítulo 2, foi mencionado que há mais núcleos no estado de menor energia (α). Esse estado corresponde àquele em que os *spins* estão parcialmente alinhados a B_0. Assim, teremos uma população ligeiramente maior (já vimos que obedece à distribuição de Boltzmann) na direção + *z*. Logo, a resultante do sistema será nessa direção (Figura 3.1E). A Figura 3.1E mostra a situação de equilíbrio do sistema após a aplicação de B_0. Note que nessa situação temos $M_{xy} = 0$ e $M_z \neq 0$, em que M_{xy} representa a magnetização resultante no plano *xy* (denominada magnetização transversal) e M_z representa a magnetização resultante em *z* (chamada de magnetização longitudinal). A resultante do sistema em equilíbrio é conhecida por magnetização líquida, representada por M_0.

Até o momento, somente aplicamos B_0, o que gera diferentes níveis energéticos. Como foi citado no Capítulo 2, essa é uma importante diferença entre a RMN e outras técnicas espectroscópicas. Porém, ainda não criamos nenhum tipo de transição (que envolve os níveis energéticos). Isso equivale a dizer que essa é a situação de equilíbrio com aplicação do campo magnético B_0, e que o sistema permanecerá desse modo até que se introduza alguma perturbação para retirá-lo do equilíbrio. Vale enfatizar que, fisicamente, ao introduzirmos uma perturbação em qualquer sistema, este responderá a ela; e tão logo essa pertubação seja cessada, o sistema tende a voltar à situação inicial de equilíbrio.

No caso da magnetização líquida M_0, retirar do equilíbrio significa fazer com que essa magnetização se mova do eixo *z* na direção do plano *xy*. Logo, queremos $M_{xy} \neq 0$, pois a detecção só ocorre neste plano. Para isso, utilizamos um segundo campo magnético (chamado B_1), aplicado ou em *x* ou em *y* (ou em *-x* ou em *-y*), para que seja perpendicular à magnetização e, portanto, gere um torque, fazendo com que M_0 se mova do eixo *z* em direção ao plano *xy* (Figura 3.2). A direção final dependerá do tempo que aplicarmos B_1, da potência desse campo e do eixo inicial de sua aplicação, seguindo ainda a regra da mão direita. Em geral, B_1 é aplicado na escala de μs (1 microssegundo = 1 x 10^{-6} segundo); esse campo tem frequência na região das radiofrequências (Figura 1.1). Em função do tempo de aplicação e da frequência, nos referimos a B_1 como um pulso de radiofrequência (pulso *rf*), ou simplesmente pulso.

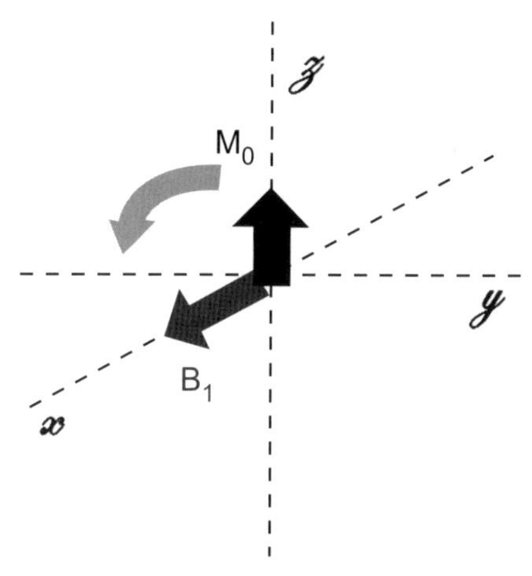

Figura 3.2 Aplicação de um segundo campo magnético – chamado B_1 – no sistema em equilíbrio, para retirar a magnetização líquida do equilíbrio. B_1 é perpendicular à direção de B_0 (aqui representado em +*x*) para que possa gerar torque e "mover" a magnetização em direção ao plano *xy*, de forma que $M_{xy} \neq 0$. O giro da magnetização obedece à regra da mão direita. Para o campo B_1 aplicado em *x* (polegar da mão direita), a magnetização M_0 se move em direção a *-y* (movimento indicado pelos demais dedos da mão direita).

Assim, um pulso de *rf* em RMN é caracterizado por sua intensidade (= potência do campo) e seu tempo de aplicação. Dependendo dessas duas grandezas, a direção (ângulo da magnetização resultante após o pulso) poderá ser diferente. Em geral, referimo-nos aos pulsos não por sua intensidade ou tempo de aplicação, mas pelo ângulo entre o eixo *z* (situação inicial, M_0) e a magnetização final após o pulso (chamada simplesmente de M). Isso se deve ao fato de que, em equipamentos diferentes, pulsos com mesmo tempo de aplicação e potência podem levar a distintos ângulos entre *z* e M.

Assim, para a descrição da RMN, mencionamos os pulsos não pelo tempo de aplicação e potência do campo, mas pelo ângulo entre o eixo *z* e o quanto M girou em direção ao plano *xy*. Designamos por pulsos de $\theta = 45°$, 90°, 180° etc. (Figura 3.3). A potência e o tempo de aplicação dos pulsos para um ângulo θ dependerão da calibração do equipamento em que será realizado o experimento.

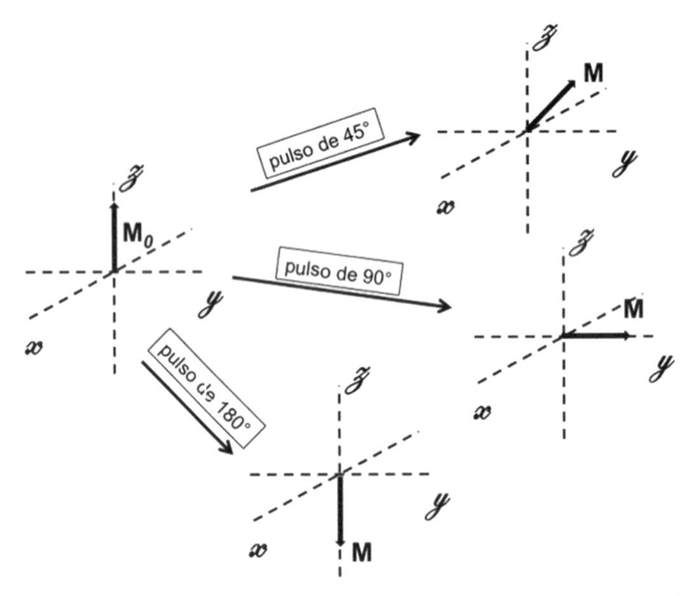

Figura 3.3 Efeito de um pulso na magnetização de equilíbrio M_0. A direção de B_1 não foi representada.

Por se tratar de um torque, M é resultante do produto vetorial $\boldsymbol{B}_1 \times \boldsymbol{M}_0$, cuja direção de "giro" segue a regra da mão direita. Por exemplo, se tivermos um pulso de 90° aplicado em *x*, a resultante M será em $-y$ (Figura 3.2).

Como explicado, ao aplicarmos o pulso de *rf*, o sistema sai do equilíbrio: M_0 passa a um valor M. Como o pulso é aplicado por μs, após tal ação, o sistema tenderá a retornar ao equilíbrio, voltando a precessar em torno de *z*. O retorno da magnetização ao equilíbrio obedece uma relação exponencial. A Figura 3.4 indica esse retorno, considerando as componentes nos eixos *x*, *y* e *z* (chamadas respectivamente de M_x, M_y e M_z) para um pulso de 90° aplicado em *y*. A resultante M após o pulso encontra-se, portanto, em $+x$. Observe que, como o campo B_1 foi desligado, a magnetização tende a voltar ao equilíbrio, fazendo com que a resultante no plano *xy* (M_{xy}) volte ao seu valor de equilíbrio (zero) e $M_z \neq 0$ (no equilíbrio, $M_z = M_0$). Esse processo de retorno ao equilíbrio é chamado de **relaxação**[2]. Diz-se que os núcleos (*spins*) estão relaxando de volta ao equilíbrio.

[2] A relaxação ocorre por dois diferentes processos: um ao longo do eixo *z*, chamado de relaxação longitudinal, mensurado pelo tempo de relaxação longitudinal (T1); o outro ocorre no plano *xy* e é chamado relaxação transversal, mensurado pelo tempo de relaxação transversal (T2).

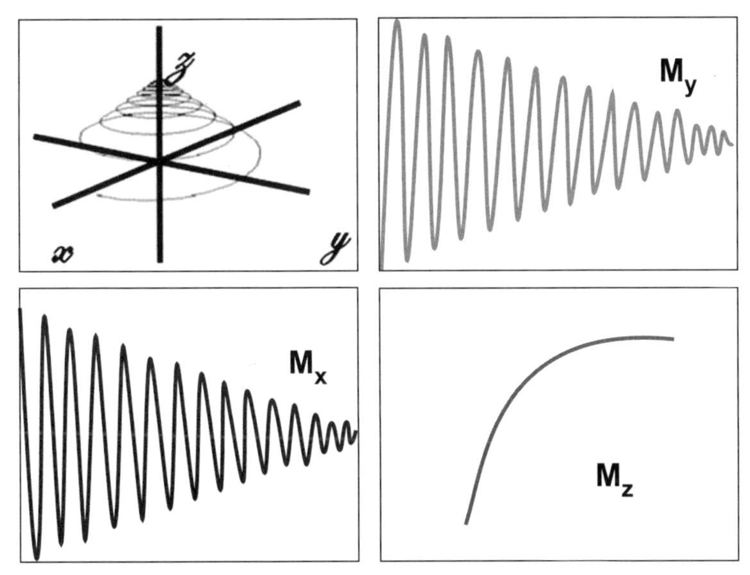

Figura 3.4 Retorno da magnetização ao equilíbrio após aplicação do pulso de *rf* em *y*. Após um pulso em *y*, M encontra-se em +*x* (regra da mão direita). Uma vez desligado o campo B_1, inicia-se o processo de relaxação. Nesse instante, a magnetização em *x* (M_x) é máxima, $M_y = 0$ (pois não há componente da magnetização em *y*) e $M_z = 0$ (o pulso levou a magnetização para o plano *xy*, mais especificamente para o eixo +*x*)). Observe que, durante o processo de relaxação, M_z aumenta, ao passo que M_x e M_y diminuem.

Para entender melhor esse retorno ao equilíbrio vamos imaginar a situação representada na Figura 3.5.

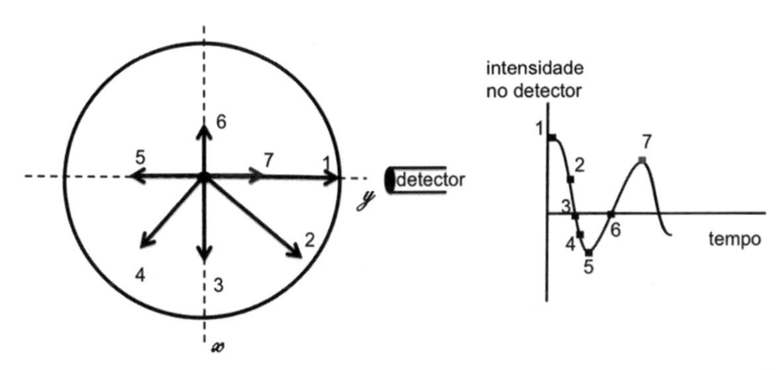

Figura 3.5 Retorno da magnetização ao equilíbrio: passo a passo. Observe o detector colocado em +*y* nesse caso. Para maiores detalhes, vide texto.

Após um pulso de 90° em −*x*, segundo a regra da mão direita, a magnetização M estará em +*y*. Colocaremos então o detector nesse mesmo eixo (observe na Figura 3.5). Assim, nesse momento, o sinal terá uma intensidade máxima (designado por 1 na Figura 3.5). À medida que o sinal relaxa (Figura 3.4), a magnetização aumenta em *z* e, portanto, sua intensidade em *xy* diminui. No ponto 2, a magnetização terá componentes em x e y para serem detectadas. Como o detector está em y, a componente em x não é detectada. Apenas detecta-se a componente em y, designada por 2 no gráfico tempo versus intensidade. Por ser uma componente do sinal, terá intensidade menor do que em 1. Em 3, haverá a componente somente em x, que não é detectada; a intensidade do sinal é zero (lembre-se que o detector foi colocado em y). Em 4, a magnetização terá componentes em x e em $-y$; porém, apenas a $-y$ é detectada. Já em 5, a magnetização será detectada com intensidade máxima negativa (sem componente em x). Entretanto, a intensidade nesse ponto é menor que em 1, pois houve relaxação do sinal. O ponto 6 mostra a magnetização em $-x$, que não é detectada. Em 7, a magnetização retornou ao eixo y, que é a intensidade máxima positiva nesse momento. Observe, entretanto, que, nesse ponto, ela é bem menor que em 1, em função do processo de relaxação.

Na Figura 3.6, exibe-se o sinal de decaimento para os hidrogênios das metilas da acetona. Para esse composto, existe apenas um ambiente químico para os hidrogênios e, portanto, um único sinal.

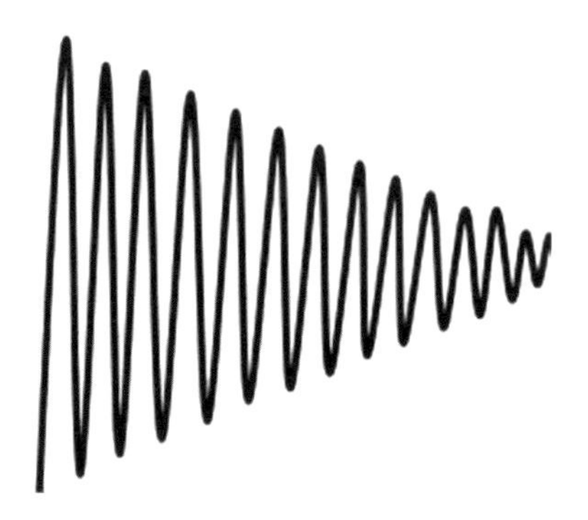

Figura 3.6 Decaimento de sinal dos hidrogênios da metila da acetona (para melhor compreensão, apenas parte do sinal é mostrada).

Esse sinal de decaimento é conhecido como FID, do inglês *Free Induction Decay*[3].

A função matemática que descreve a relaxação – observe a partir das figuras que são exponenciais – contém a informação da frequência com a qual o núcleo relaxa. Assim, o sinal do FID de um núcleo fornece a frequência de sua absorção, que é o deslocamento químico observado no espectro de RMN. Essa informação pode ser facilmente observada em um sinal de FID quando temos apenas um núcleo (Figura 3.6)[4].

---

[3] A Associação dos Usuários de Ressonância Magnética Nuclear (AUREMN) tem uma comissão para a tradução dos termos de RMN. Todos eles podem ser encontrados no site: <www.auremn.org>. O termo FID foi traduzido como "Decaimento Livre de Indução", mas a sigla FID continua sendo utilizada.

[4] O decaimento do sinal pode ser visto como uma onda. A frequência corresponde ao número de oscilações por unidade de tempo. Em nosso caso, uma oscilação por segundo, que equivale à frequência em Hz.

Ao visualizar a Figura 3.7, entretanto, pode-se perceber que não é fácil determinar os diferentes valores de frequência para os variados núcleos em uma amostra, quando vários ambientes químicos são observados, uma vez que há sobreposição dos sinais de FID dos diferentes núcleos presentes na amostra.

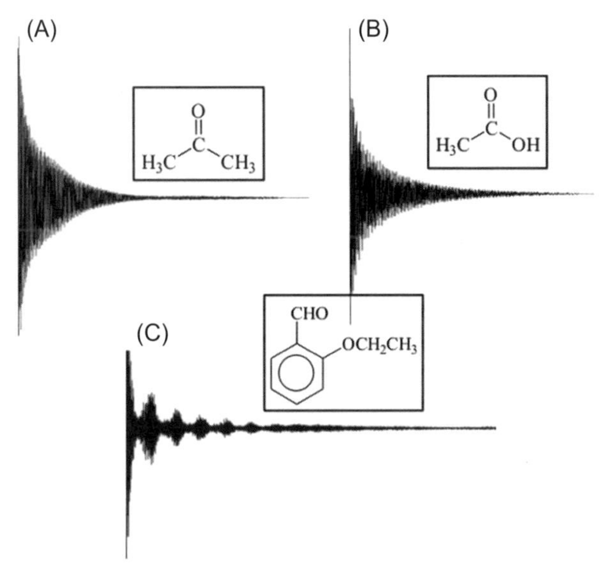

Figura 3.7 Sinais do FID para (A) acetona com TMS para referência; (B) ácido acético com TMS e (C) *o*- etóxibenzaldeído com TMS.

Para saber a frequência de cada um dos sinais decaindo, utilizamos a operação matemática Transformada de Fourier (TF), que consiste em uma função integrável que possibilita transformar os valores da dimensão temporal para a dimensão de frequência. Como o FID é a adição (superposição) de todas as frequências dos átomos da molécula, resulta em uma intensidade para cada unidade de tempo. A TF permite traduzir este sinal para conhecer a contribuição das diferentes frequências ao FID observado (Figuras 3.8 e 3.9).

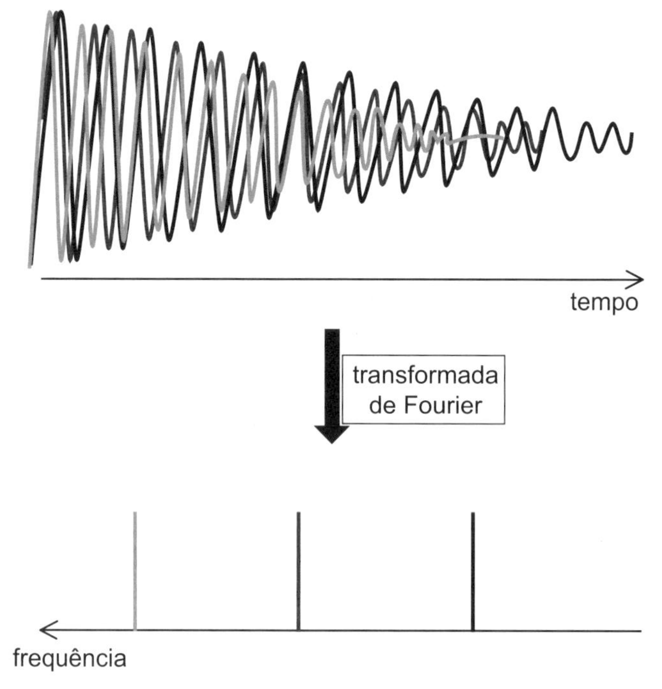

Figura 3.8 Resultado da transformada de Fourier. Acima, é mostrado o FID de uma amostra com três diferentes tipos de hidrogênios. Cada sinal de FID tem o decaimento relacionado à frequência do núcleo em questão. A transformada de Fourier converte o sinal do domínio temporal para o de frequências.

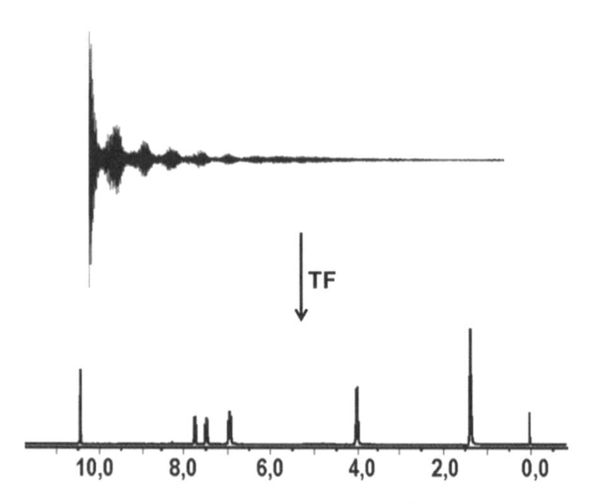

Figura 3.9 Transformada de Fourier aplicada ao FID do *o*-etóxibenzaldeído (Figura 3.7C).

Na prática, o usuário de RMN e o operador do equipamento não precisam se preocupar com a matemática envolvida na transformação. Apenas um comando no *software* utilizado é necessário para que o espectro seja processado, fornecendo as informações que são usualmente analisadas, ou seja, o espectro contendo o sinal caracterizado por sua frequência e intensidade, que é relacionada ao número de hidrogênios naquela mesma frequência.

Um experimento simples de RMN de hidrogênio consiste em um pulso (no canal do hidrogênio) - no caso de 90°[5] - seguido de um tempo de aquisição. Os experimentos de RMN são representados por meio de esquemas análogos ao que se encontra na Figura 3.10. Por convenção, nesses esquemas, os pulsos de *rf* são representados por retângulos pretos (para os pulsos de 90°) ou brancos (para os de 180°).

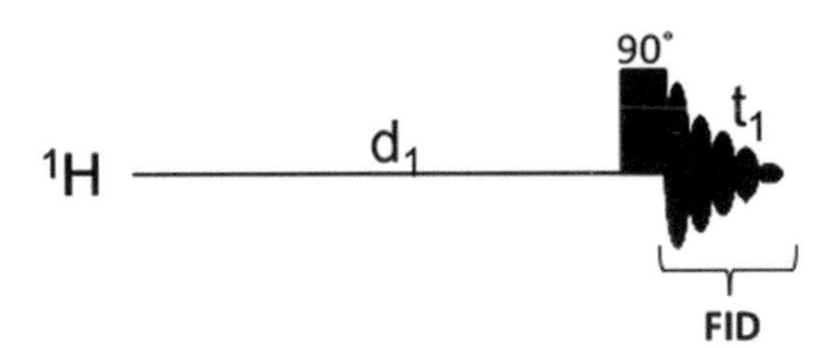

Figura 3.10 Esquema gráfico para o experimento de RMN-^1H. O eixo horizontal corresponde à coordenada de tempo; o vertical, à intensidade do campo B_1. t_1 é o tempo de aquisição (representado pela figura de um FID).

Antes de se iniciar qualquer experimento, existe um tempo de preparação (representado por d_1 na Figura 3.10), o qual é importante para garantir que haja relaxação de grande parte dos *spins* e que o sistema esteja em equilíbrio quando iniciado o experimento.

Na realidade, para uma amostra, repetimos a sequência d_1-90-t_1 (Figura 3.10) várias vezes. Esse número de repetições é chamado número de *scans*/varreduras ou transientes e estabelecido pelo operador antes da aquisição do espectro. Com isso, ocorre um aumento da razão sinal/ruído (S/N), ou seja, obtemos um espectro com sinais mais intensos e com menor ruído.

Experimentos de RMN podem consistir em apenas um pulso ou em uma série de pulsos e intervalos de tempos entre esses pulsos que são ajustados para se obter uma determinada informação. Esse conjunto de pulsos e intervalos de tempos é chamado **sequência de pulsos**.

---

[5] Na verdade os pulsos utilizados em experimentos de RMN de hidrogênio são de 45°. Para o carbono são utilizados pulsos de 90°.

CAPÍTULO 4

O espectrômetro de ressonância magnética nuclear e o preparo de amostras: conceitos gerais introdutórios

4.1 CONSIDERAÇÕES INICIAIS

Neste capítulo, será feita uma descrição parcial de um equipamento de RMN. O objetivo é dar uma noção de como é o equipamento, as principais partes que o compõem e a utilidade de cada uma delas. Com isso, é possível, para aqueles que pretendem analisar espectros, ter uma noção de onde e como são realizados os experimentos.

Quanto à preparação das amostras, cada tipo tem suas características diferentes e inerentes ao material que se deseja analisar. Por exemplo, os requisitos e cuidados para a preparação de um polímero a ser analisado por RMN são diferentes daqueles necessários para a preparação de uma amostra de um peptídeo ou uma proteína. Portanto, será realizada uma apresentação da forma mais geral para preparação de amostras.

4.2 O ESPECTRÔMETRO DE RESSONÂNCIA MAGNÉTICA NUCLEAR

O equipamento é composto essencialmente de três grandes partes: o magneto, que é o gerador do campo magnético B_0, mostrado na Figura 4.1, no qual a amostra é inserida; o *console*, responsável por todo o sistema; e o computador, de onde o operador realiza todas as tarefas para aquisição e processamento dos espectros para análises (Figura 4.2).

(A) (B)

Figura 4.1 Equipamentos de RMN (magnetos) de (A) 800 MHz (Centro Nacional de Ressonância Magnética Nuclear, Departamento de Bioquímica Médica da Universidade Federal do Rio de Janeiro) e (B) 600 MHz (Instituto Militar de Engenharia do Rio da Janeiro).

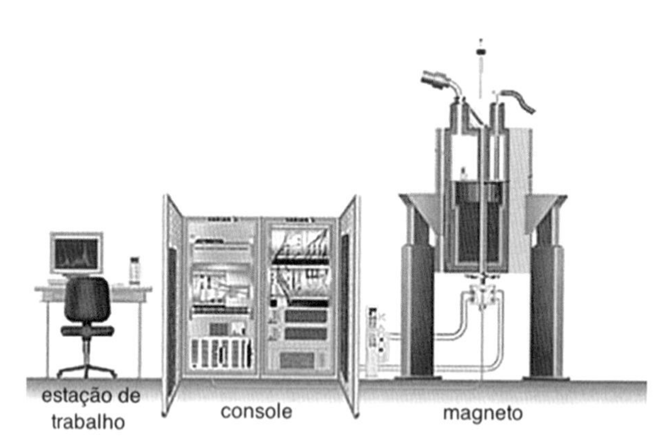

Figura 4.2 Esquema de um equipamento de RMN mostrando as suas três partes principais. Adaptada de: <www.agilent.com/labs/features/2013_101_nmr.html>).

As Figuras 4.3 e 4.4 exibem o corte longitudinal do magneto de um equipamento de RMN, sua parte mais importante e vital para a realização de experimentos.

O campo magnético B_0 é gerado a partir de um solenoide supercondutor (Figura 4.3D). Para manter as condições de supercondutividade, é necessário hélio líquido para o resfriamento, o que significa manter a temperatura para que ele esteja no estado líquido (a temperatura de ebulição do hélio é de 4,22 K). Pode-se observar nas Figuras 4.3 e 4.4 que o solenoide supercondutor fica imerso em um banho de hélio líquido, que é descrito como reservatório de hélio. Para minimizar a sua evaporação, uma vez que hélio líquido é caríssimo, o reservatório é envolto por um sistema de vácuo seguido de outro reservatório com nitrogênio líquido e, finalmente, mais um sistema de vácuo.

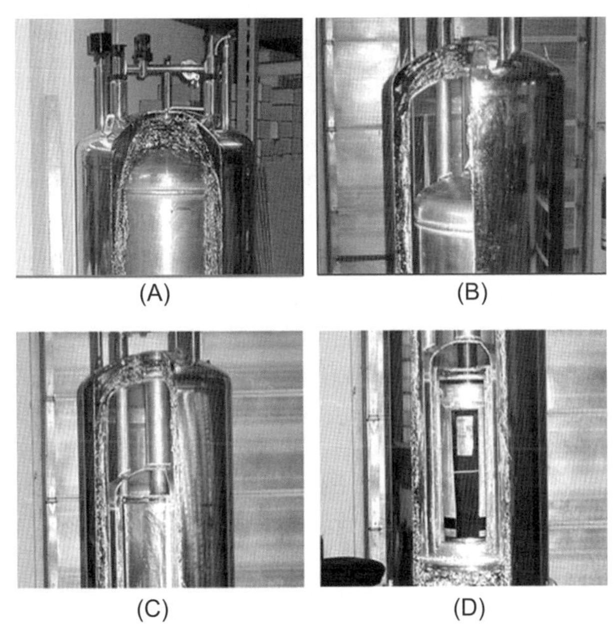

Figura 4.3 Corte esquemático do magneto de um espectrômetro de RMN. (A) Câmara externa de vácuo; (B) reservatório para nitrogênio líquido; (C) reservatório para hélio líquido; (D) magneto supercondutor. Extraído de: <http://helios.augustana.edu/~dr/102/nmr-cutaway.html>. Reproduzida com permissão de Jeol USA Inc. Copyright 2000 de JEOL USA, Inc. <www.jeol.com>.

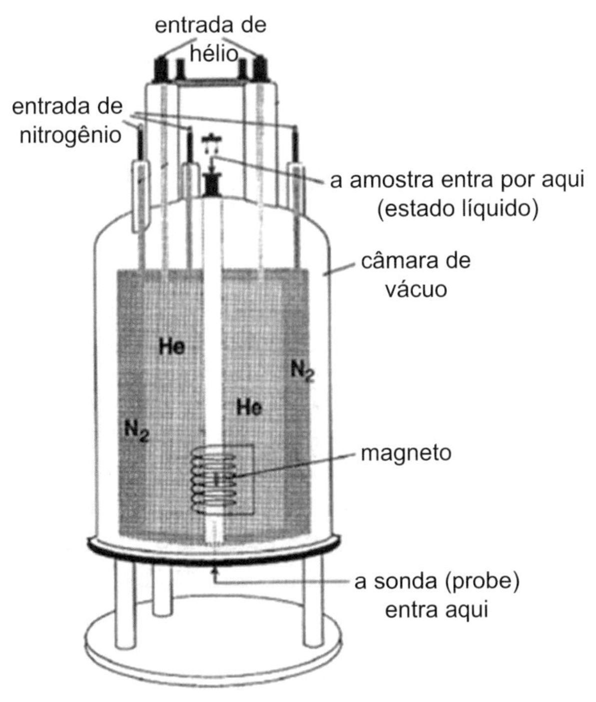

Figura 4.4 Esquema do magneto de um espectrômetro de RMN. Adaptada de: <http://chem4823.usask.ca/nmr/magnet.html>).

Observando ainda as Figuras 4.3A e 4.4, pode-se ver que o tubo de RMN contendo a amostra é inserido no magneto pela parte de cima (isso para líquidos). O tubo por onde a amostra desce é mantido à temperatura ambiente. Se quisermos fazer experimentos a diferentes temperaturas, também é possível. O importante é perceber que a amostra é mantida a temperatura ambiente, apesar da baixíssima temperatura dos reservatórios de hélio e nitrogênio líquidos. O operador do equipamento ainda pode programar o experimento para ser realizado em outra temperatura, que pode variar de -20 a 150 °C, por exemplo.

Para o armazenamento de hélio e nitrogênio líquidos da forma mencionada, é necessário que o magneto seja um frasco de Dewar, o qual internamente é revestido por uma superfície metálica (reflexiva), o que impede a transmissão de calor por radiação; na parte intermediária do Dewar, existe um espaço em vácuo para diminuir a condução e convecção de calor. Esses dois aspectos reduzem a troca de calor com a parte externa do magneto, permitindo que nitrogênio e hélio apresentem maior tempo de permanência no estado líquido. Como essa troca é minimizada, e não anulada, existe a necessidade de recargas de hélio e nitrogênio líquidos, cuja periodicidade depende do equipamento e de vários outros fatores. Por isso, é comum a realização de medidas frequentes dos níveis de nitrogênio e hélio. Lembre-se que o hélio mantém o solenoide nas condições de supercondutividade. Se, por algum motivo, ele evaporar totalmente, ocorrerá o aquecimento do ímã e a desmagnetização do campo, processo que é chamado de *quench*. Esse é um dos maiores pesadelos para o responsável de um laboratório de RMN, pois além do alto custo financeiro para a remagnetização do campo, podem ocorrer danos irreparáveis ao equipamento provenientes do aquecimento (ou superaquecimento).

A partir do que foi exposto, embora não tenha sido dito explicitamente, pode-se inferir que esse supercondutor é um ímã permanente, ou seja, o campo B_0 não é ligado e desligado; ele está constantemente "ligado", pois não há como se criar um supercondutor cada vez que se deseja fazer uma análise. Assim, uma sala com equipamento de RMN é um local que apresenta um campo magnético intenso. Por isso, existem avisos nas portas dos laboratórios, referindo-se a cartões magnéticos (que podem vir a ser desmagnetizados), relógios, portadores de marca-passo cardíaco (que pode ser desregulado), próteses metálicas (que podem danificar o equipamento) etc.

O *console* é a componente que controla o sistema do espectrômetro, no qual podem ser encontrados dispositivos como as fontes de radiofrequência (que geram os pulsos), os amplificadores de sinal, os conversores analógico-digital etc. A Figura 4.5 mostra o *console* de um equipamento e o esquema representativo de suas partes. Maiores detalhes podem ser encontrados em vários livros[1].

---

[1] Como exemplo: RULE, G. S.; HITCHENS, K. T. *Fundamentals of protein NMR spectroscopy*. Amsterdam: Springer, 2006 e KEELER, J. *Understanding NMR spectroscopy*. 2. ed. Cambridge: John Wiley & Sons, 2010 – leia, especialmente, o Capítulo 13.

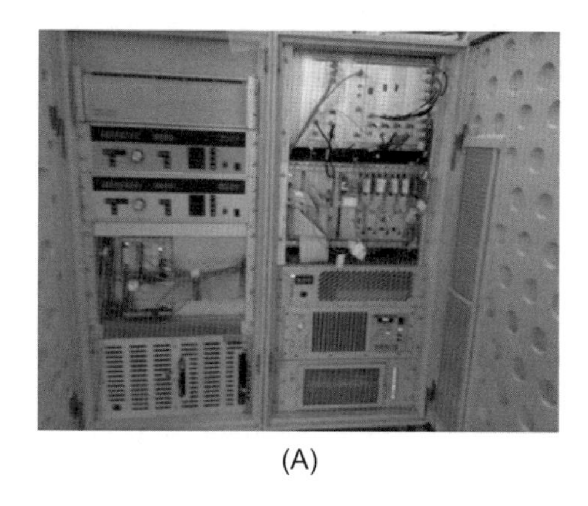

(A)

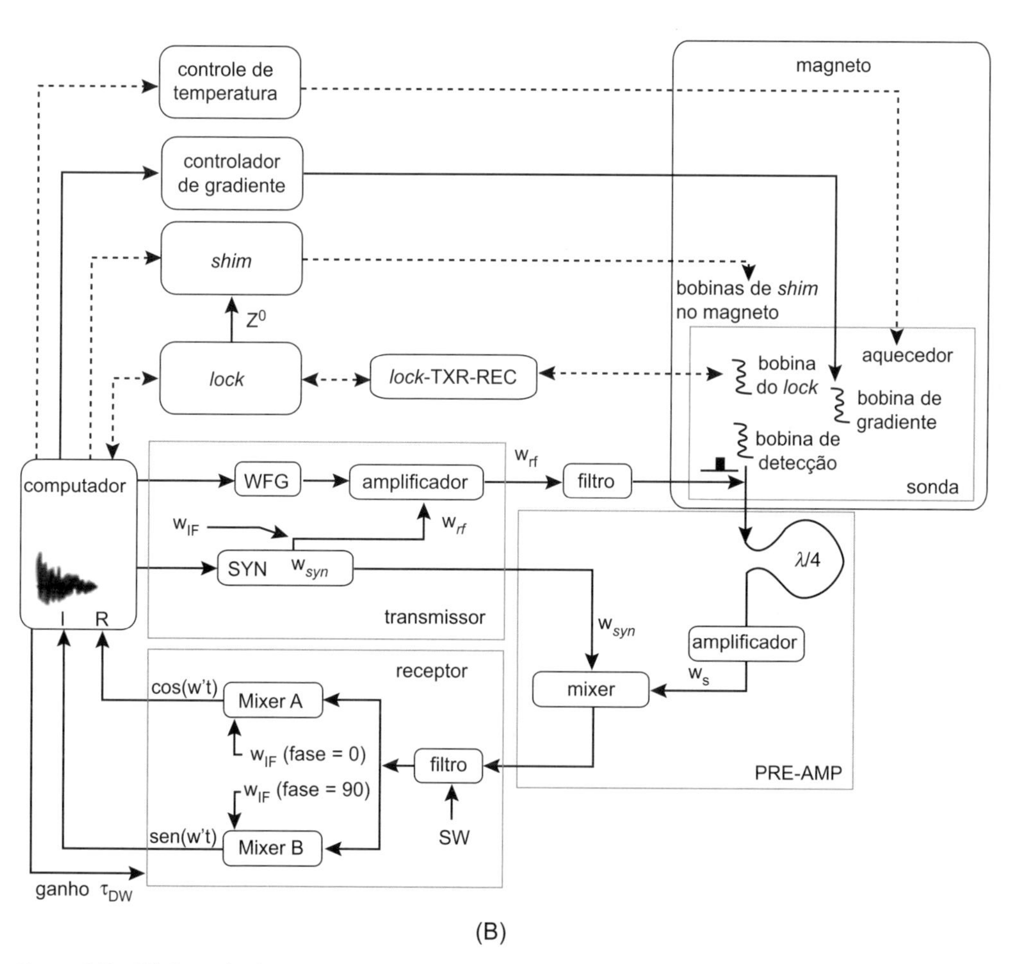

(B)

Figura 4.5 (A) Console de um equipamento de 800 MHz. (B) Esquema de um console. Adaptada de RULE; HITCHENS, 2006.

4.3 AMOSTRAS

A RMN permite análises de substâncias nos estados sólido e líquido. Para análises no estado líquido, as amostras devem ser dissolvidas em algum solvente, especialmente solventes deuterados, como clorofórmio deuterado ($CDCl_3$), água deuterada (D_2O), acetona deuterada ($(CD_3)_2C{=}O$), dimetilsulfóxido hexadeuterado (DMSO-d_6,$(CD_3)_2S{=}O$, em que *d* representa o número de átomos de deutério), benzeno hexadeuterado (C_6D_6 ou benzeno-d_6) etc. O uso de solventes deuterados está ligado ao fato de que, ao se substituir o átomo de hidrogênio por deutério, evita-se o sinal de hidrogênio do solvente no espectro que será adquirido. Por exemplo, para o preparo de uma amostra para análise por RMN, usamos em média 500 μL de solvente para 5 mg de material[2]. Se o solvente empregado for água (densidade = 1 g/mL), isso significa uma concentração em torno de 1%, o que em termos de intensidade no espectro seria de 100:1 (solvente:amostra). Assim, o sinal dos hidrogênios do solvente sempre será muito mais intenso do que os sinais da amostra, dificultando a análise do espectro. Isso é minimizado com o uso de solventes deuterados.

Além disso, o deutério também é importante para realizar o ajuste do campo magnético (*lock*) do equipamento, procedimento que veremos mais adiante.

Para análise no estado líquido, as amostras sólidas ou líquidas devem ser dissolvidas em algum solvente deuterado. Como a RMN é uma técnica não destrutiva, permitindo a recuperação da amostra, é mais desejável – sempre que possível – solubilizar a amostra em solventes mais voláteis, como acetona ou clorofórmio, o que permitirá uma recuperação mais fácil da amostra. Solventes como DMSO dificultam ou impedem a recuperação da amostra.

A Figura 4.6 apresenta alguns tubos empregados para análises de RMN no estado líquido[3]. Os tubos podem ter diâmetros distintos (3 mm, 5 mm e 10 mm, por exemplo). A escolha é feita em função do tipo de amostra, da quantidade e do tipo de sonda utilizada no equipamento. O volume total de solução depende do diâmetro do tubo. Existe uma altura mínima para a solução contendo a amostra, que é muito importante, pois corresponde à região em que o campo magnético incide. Ela pode ser verificada no medidor de profundidade (Figura 4.6D). Essa altura mínima determina que o volume da solução deve estar entre 500 μL e 700 μL (para tubos de 5 mm de diâmetro). Analisando-se a Figura 4.6D, é fácil concluir que o volume de solução encontrado na

---

[2] Essa quantidade de material pode variar muito dependendo, por exemplo, do material que se está usando, da quantidade de amostra disponível, do experimento que se deseja fazer, da sonda utilizada, entre outros.

[3] Atenção: nunca use nenhum outro tubo que não seja específico para análises de RMN. Além de possível dano ao equipamento, os resultados podem ser prejudicados.

parte inferior do tubo não é necessário para a análise, mas apenas para preencher a altura mínima. Os tubos de Shigemi (Figuras de 4.6E a 4.6G) resolvem esse problema, tornando o volume de amostra necessário bem menor do que nos tubos normalmente utilizados. Assim, utilizando-se a mesma quantidade de amostra, mas com um volume inferior de solvente, aumenta-se a sua concentração em solução, o que significa aumentar a sensibilidade do experimento.

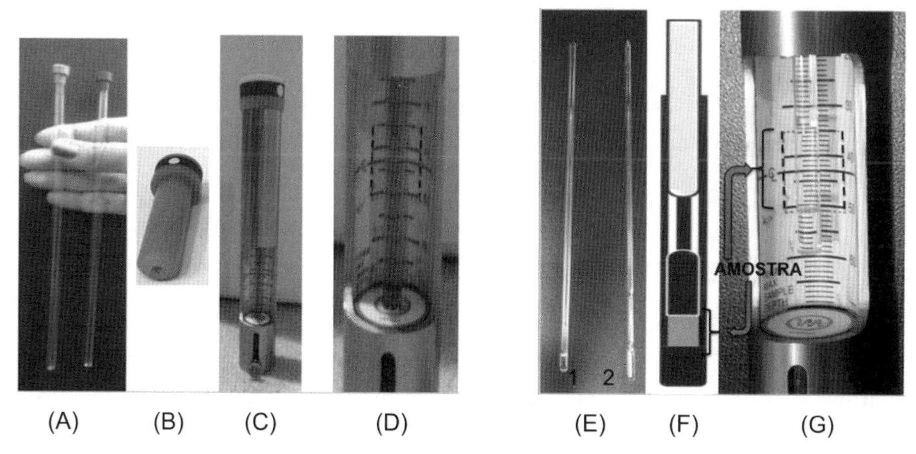

Figura 4.6 (A) Tubos utilizados em análises de RMN no estado líquido (5 mm de diâmetro). (B) Rotor no qual o tubo é inserido (vai junto com a amostra para o equipamento). (C) Rotor com amostra colocado para medir a profundidade do tubo. (D) Detalhe do medidor de profundidade: a região tracejada corresponde à parte da amostra que efetivamente sente o campo magnético; é a área de incidência do campo magnético na amostra. (E) Tubo de Shigemi: a parte 2 é inserida na 1. Observe que a parte inferior de 1 contém vidro para diminuir o volume da amostra. (F) Esquema mostrando o tubo de Shigemi com a parte 2 inserida na 1[4]. Observe que o volume de amostra corresponde apenas à região destacada em chaves. (G) Detalhe do tubo de Shigemi no medidor de profundidade.

Caso a amostra apresente problemas de solubilidade ou se deseje uma determinação estrutural do composto no estado sólido, a RMN também permite esse tipo de análise. Nesse caso, são utilizados pequenos rotores para estado sólido (Figura 4.7), nos quais a amostra sólida é empacotada[5]. De forma análoga aos tubos de RMN, esses rotores também podem possuir diferentes diâmetros.

[4] Extraído de: <www.shigeminmr.com/#!products>.

[5] Para maiores detalhes sobre o empacotamento da amostra, existem vários livros específicos para RMN no estado sólido. Apenas para se ter uma ideia: <http://chemwiki.ucdavis.edu/Physical_Chemistry/Spectroscopy/Magnetic_Resonance_Spectroscopies/Nuclear_Magnetic_Resonance/NMR%3A_Experimental/Solid_State_NMR_Experimental_Setup>.

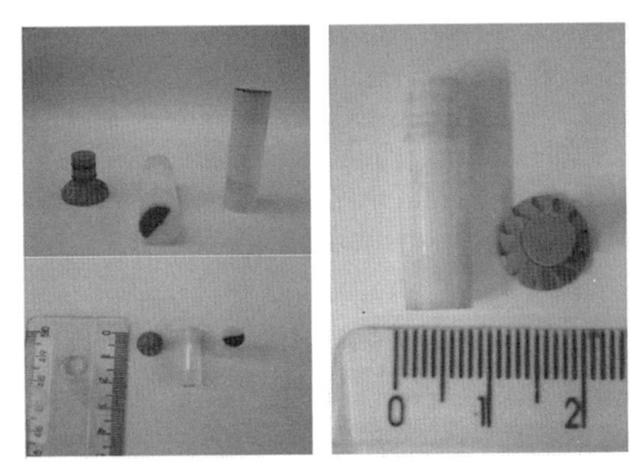

Figura 4.7 Rotores para análises de RMN no estado sólido (eles são as peças brancas e a tampa do rotor, a escura).

4.4 HOMOGENEIDADE DO CAMPO B_0

No Capítulo 2 foi estudado que o valor do campo magnético sentido por um núcleo ou conjunto de núcleos determina a frequência de absorção. Imaginemos agora uma situação em que B_0 não seja constante (homogêneo) ao longo da amostra. Isso significaria que núcleos idênticos em diferentes posições da amostra sentiriam valores distintos de B_0, o que levaria a diferentes valores de frequência. Caso a diferença seja pequena, esses valores serão muito próximos, levando apenas a um alargamento do pico; em casos mais drásticos, um simpleto pode se tornar um dupleto ou outro pico de diferente multiplicidade (Figura 4.8).

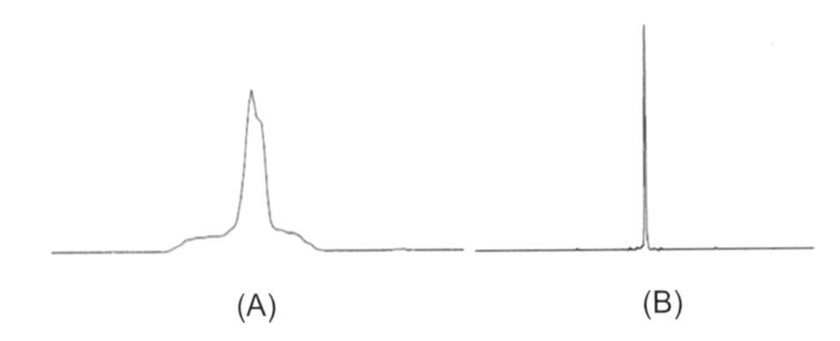

Figura 4.8 Pico do TMS (A) em um campo não homogêneo; (B) com *lock* e *shimming* ajustados.

Os magnetos atualmente utilizados (alta resolução) estão sujeitos a variações no campo por diferentes razões que não serão aqui abordadas. Para compensar essas variações e tentar manter o campo magnético o mais estável e homogêneo possível, existem alguns procedimentos que devem ser realizados antes da aquisição dos experimentos. O primeiro deles é o ajuste do campo magnético, conhecido por *lock*. Basicamente, o que se faz no *lock* é medir a frequência de ressonância do deutério. Esse sinal pode ser usado como referência interna, em que a frequência de ressonância do deutério pode ser comparada à de outro(s) núcleo(s). A praticidade e a facilidade de seu emprego advêm do fato de que solventes deuterados são empregados em experimentos de RMN, uma vez que o sinal do próton do solvente é consideravelmente reduzido. Assim, existirá uma grande quantidade de átomos de deutério na amostra. Além disso, ele tem um tempo de relaxação longitudinal pequeno quando comparado ao hidrogênio, permitindo uma rápida aquisição do sinal.

Uma vez ajustado o *lock*, o procedimento seguinte é o *shimming*. O equipamento possui pequenas bobinas que devem ser ajustadas de forma a se conseguir a melhor homogeneidade possível para aquela amostra. Para isso, pode-se utilizar o sinal do TMS, por exemplo, que é um simpleto[6]. Assim, o objetivo inicial é fazer com que ele seja um simpleto (Figura 4.8). As bobinas são então ajustadas – pelo computador, via *software* do fabricante – para se obter uma largura de linha à meia-altura de aproximadamente 0,3 a 0,5 Hz. É claro que algumas amostras apresentarão melhores resultados e outras, piores. Entre vários fatores que influenciam na obtenção de um bom *shimming* estão, por exemplo, a viscosidade da amostra, a temperatura do experimento, o solvente utilizado, entre outros.

Outro procedimento igualmente importante e que deve ser realizado antes do lock e *shimming* é a sintonia do núcleo a ser observado (*tuning*). Da mesma forma que sintonizamos uma estação de rádio para ouvir certa música, devemos ajustar o equipamento na frequência do núcleo que queremos adquirir informação. Uma rádio mal sintonizada significa música com muitos ruídos; o mesmo é válido para espectros obtidos com sintonia malfeita. Com o *lock* e *shimming*, dizemos ao equipamento a frequência que queremos trabalhar. Por meio da sintonia, buscamos o seu valor exato.

Nos equipamentos modernos, os procedimentos para *lock*, *shimming* e *tuning* são automáticos, via *software* do equipamento. No entanto, devemos estar sempre atentos à qualidade do sinal obtido e, se necessário, proceder manualmente aos ajustes para melhorar essa qualidade.

Existem ainda outros procedimentos necessários antes da aquisição de um espectro, como a escolha do solvente no *software*, a calibração dos pulsos, a escolha apropriada dos parâmetros de aquisição etc., mas que não serão abordados nesse livro.[7]

---

[6] Como explicado no Capítulo 2, o TMS não é um único sinal. No entanto, o central é o mais intenso e pode ser utilizado para o *shimming*.

[7] Para maiores detalhes, os manuais dos equipamentos trazem informações acerca dos parâmetros de aquisição e os passos para se iniciar um experimento. Além deles, as seguintes referências são interessantes: KEELER, J. *Understanding NMR spectroscopy*. 2. ed. Cambridge: John Wiley & Sons, 2010 – especialmente, o Capítulo 13. *Links*:
<http://web.mit.edu/speclab/www/PDF/DCIF-Things-2-know-NMR-m08.pdf>;
<http://chem4823.usask.ca/nmr/probe.html>;
<www.nmr.unsw.edu.au/usercorner/introduction/acquisition.htm>;
<www.cbc.arizona.edu/rss/nmr/pdfs/params.pdf>.

CAPÍTULO 5

Ressonância magnética nuclear de carbono-13

5.1 O CARBONO-13

Algumas importantes características do carbono-13 estão descritas na Tabela 5.1. A primeira informação é com relação ao *spin*. É possível notar que o número de *spin* do carbono-13 é ½. Portanto, o desdobramento dos níveis de energia pela aplicação de um campo magnético será similar ao que ocorre com o hidrogênio: para um átomo de carbono, analogamente ao hidrogênio, teremos apenas dois níveis energéticos, α e β. A diferença de energia ΔE, no entanto, será diferente, pois ela não está relacionada apenas ao campo magnético B_0, mas também ao momento de dipolo magnético do núcleo, μ ($\Delta E = 2\mu B_0$, ver Figura 2.2). Como μ do carbono é menor que o do hidrogênio, a constante magnetogírica do carbono (γ_C), a qual fornece a proporção entre o momento magnético e o momento angular, também será inferior.

Outra propriedade importante do C-13 é a abundância natural desse isótopo, que, por ser muito baixa (1,109%), leva à pouca sensibilidade dos espectros de RMN de carbono-13. Para melhor entender isso, vamos analisar a razão sinal/ruído (S/N) do espectro de RMN. Entre outros parâmetros, a S/N é diretamente proporcional ao número de moléculas (*n*, relacionada com a concentração da amostra), à constante magnetogírica (γ), à abundância natural (A) do núcleo em análise e à raiz quadrada do número de *scans* (NS)[1] realizados no experimento, como visto na Equação (5.1):[2]

$$\frac{S}{N} \propto n\, A\, \gamma\, (NS)^{\frac{1}{2}} \tag{5.1}$$

[1] No final do Capítulo 3, mencionou-se o que é o número de *scans* ou número de varreduras.

[2] CLARIDGE, T. D. W. *High-resolution NMR techniques in organic chemistry*. 2. ed. Oxford: Elsevier, 2004.

Por meio dessa relação, facilmente concluímos que, se utilizarmos o mesmo número de *scans* (NS) e a mesma amostra para adquirirmos um espectro de hidrogênio e um de carbono-13, a razão S/N para o hidrogênio será cerca de 360 vezes maior do que a S/N para o carbono[3]. Portanto, precisaríamos de uma amostra 360 vezes mais concentrada que a utilizada para obter espectros de hidrogênio se quiséssemos a mesma S/N com o número de *scans* utilizados. Podemos pensar também que, se quisermos uma mesma S/N utilizando a mesma amostra, chegaremos à conclusão de que, para que um espectro de carbono-13 tenha a mesma S/N que o espectro de hidrogênio, o número de *scans* a ser utilizado para adquirir o espectro de carbono-13 deve ser cerca de 130 mil vezes o número de *scans* utilizado para se obter o espectro de hidrogênio. Por isso, quando obtemos espectros de carbono-13, utilizamos mais *scans*, que para o espectro de hidrogênio, amostra mais concentrada e somos "tolerantes" ao ruído.

Uma forma de tentarmos minimizar tal situação é ampliando o número dos núcleos de carbono-13 a serem analisados, o que pode ser feito por enriquecimento isotópico ou aumentando-se a concentração da amostra, quando possível.

A partir de agora, vamos analisar as informações espectrais estudadas para a RMN de hidrogênio no Capítulo 2 – integração, deslocamento químico e acoplamento – a fim de as compararmos com o que se observa em um espectro de carbono-13.

Tabela 5.1 Algumas propriedades do carbono-13.

Propriedade	Descrição
Spin	½
Abundância natural	1,109%
Referência	TMS
Receptividade relativa ao ^{1}H em abundância natural	$1{,}70 \times 10^{-4}$
Constante magnetogírica	$6{,}73 \times 10^{7}$ rad s^{-1} T^{-1}

[3] Para isso, basta substituir na Equação (5.1) a abundância natural dos núcleos e se lembrar que a constante magnetogírica do carbono (γ_C) corresponde a cerca de $\frac{1}{4}\gamma_H$.

5.2 ACOPLAMENTO

Como analisado no Capítulo 2, o acoplamento ocorre quando temos núcleos ativos em RMN e que não sejam quimicamente equivalentes. Em toda explicação que for dada deste ponto em diante, estará sendo considerado que as amostras não estão isotopicamente enriquecidas com carbono-13, ou seja, a abundância de carbono-13 mencionada é a natural desses núcleos nas moléculas em análise.

Para entender os acoplamentos possíveis para o carbono, vamos analisar apenas o grupo etila (Figura 5.1), como no composto *o*-etóxibenzadeído. Observe que o grupo metila está referenciado pelo número 1 e o $-CH_2$ por 2. Os potenciais acoplamentos para esse grupo são:

- entre C_1 e C_2 (^1J);
- entre C_1 e H_1 (^1J) e C_1 e H_2 (^2J);
- entre C_2 e H_2 (^1J) e C_2 e H_1 (^2J).

Para C_1 e C_2 (^1J), vale relembrar que a abundância natural do carbono-13 é aproximadamente 1,1%. Portanto a probabilidade de termos dois átomos de carbono-13 em uma mesma molécula é muito baixa (1,1% x 1,1%). É ainda menor a probabilidade de se encontrar dois átomos de carbono-13 na mesma molécula e vizinhos. Assim, na prática, não são observados acoplamentos entre átomos de carbono-13 em um espectro de RMN-^{13}C.

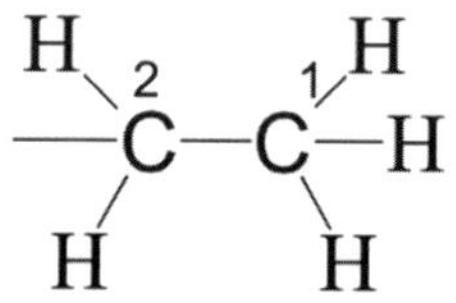

Figura 5.1 Grupo etila.

Para os acoplamentos C_1 e H_1 (^1J) e C_1 e H_2 (^2J) e entre C_2 e H_2 (^1J) e C_2 e H_1 (^2J), devemos lembrar o que foi explicado no Capítulo 2 com relação a acoplamentos envolvendo constantes de acoplamento diferentes. No primeiro caso, o sinal de C_1 provém do acoplamento desse carbono com três hidrogênios H_1 a uma ligação e com dois hidrogênios H_2 a duas ligações. O sinal originado será um quarteto de tripletos (Figura 5.2).

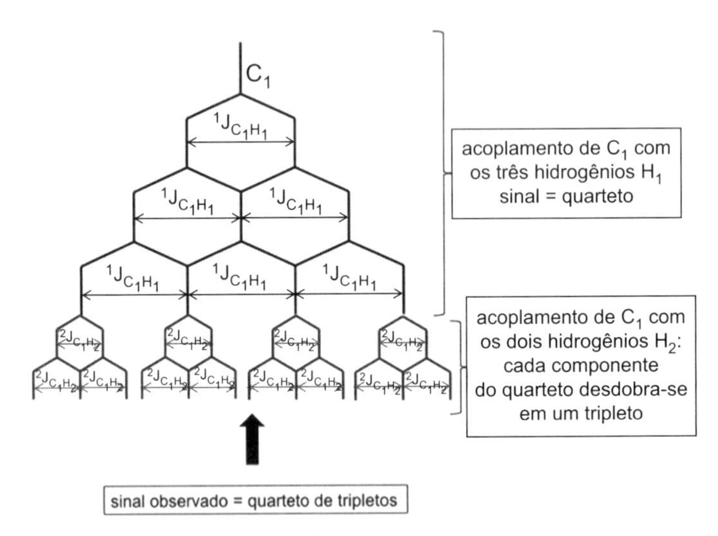

Figura 5.2 Sinal originado em um espectro de RMN de carbono-13 para o carbono da metila em um grupo etila.

No segundo caso, o sinal do carbono C_2 é originado pelo acoplamento entre esse carbono e os hidrogênios H_2 (^1J) e entre C_2 e os hidrogênios H_1 (^2J). O sinal observado é um tripleto de quartetos (Figura 5.3).

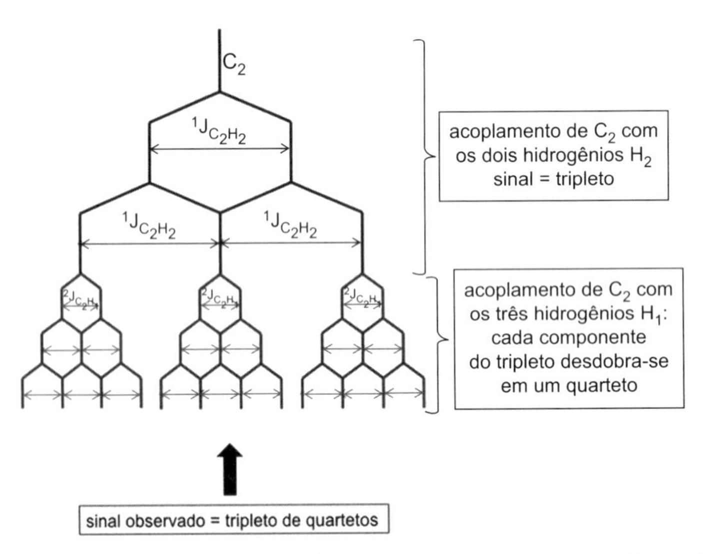

Figura 5.3 Sinal originado em um espectro de RMN de carbono-13 para o carbono do -CH_2 em um grupo etila.

Na Figura 5.4, observa-se a expansão da região alifática do espectro de RMN-^{13}C do composto *o*-etoxibenzaldeído, em que absorvem os carbonos cujos sinais foram previstos nas Figuras 5.2 e 5.3.

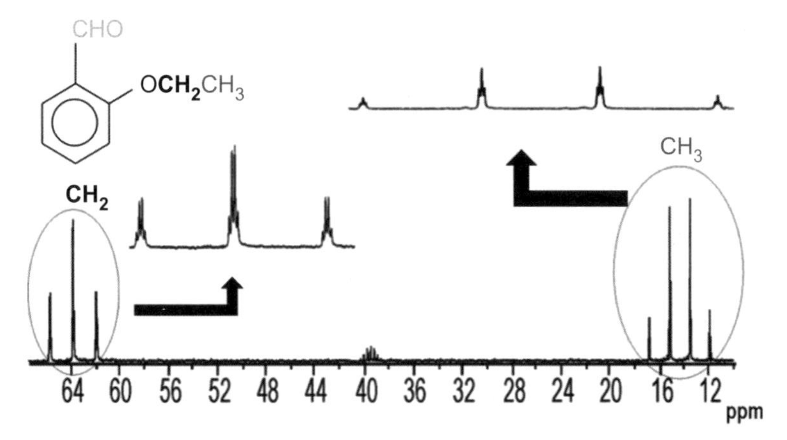

Figura 5.4 Espectro de RMN de carbono-13 acoplado do *o*-etóxibenzaldeído. Expansão da região alifática mostrando o sinal observado para o grupo etila. O sinal do carbono da metila é um quarteto de tripletos e o do carbono do grupo -CH_2 é um tripleto de quartetos. O multipleto observado em cerca de 39,5 ppm corresponde ao sinal do solvente utilizado (DMSO-d6).

O espectro de carbono-13 totalmente acoplado, como mostrado na Figura 5.4, é riquíssimo em informações. Se o sinal resultante da maior constante de acoplamento (^1J) for um quarteto, esse carbono será uma metila; se for um tripleto, será um CH_2; caso seja um dupleto, trata-se de um CH; e, por fim, se o sinal observado for um simpleto, é um carbono que não tem hidrogênio diretamente ligado. Mas as informações não param por aí. Caso observemos o sinal resultante do menor acoplamento, teremos a informação acerca do número de hidrogênios que estão vizinhos a esse carbono. Com isso, conseguimos construir o esqueleto carbônico da molécula de forma indireta.

No entanto, apesar da riqueza de informações, para moléculas um pouco mais complexas, os espectros começam a apresentar superposição de sinais, o que não é desejável, pois dificulta o processo de análise espectral. Por isso, o usual é adquirir espectros de carbono-13 utilizando o desacoplamento (Figura 5.5): todos os sinais aparecem como simpletos. Veremos no Capítulo 6 como isso ocorre. O fato é que, com o desacoplamento de hidrogênios, a probabilidade de superposição dos sinais é minimizada, de forma que cada sinal no espectro corresponde a um tipo de carbono da molécula.

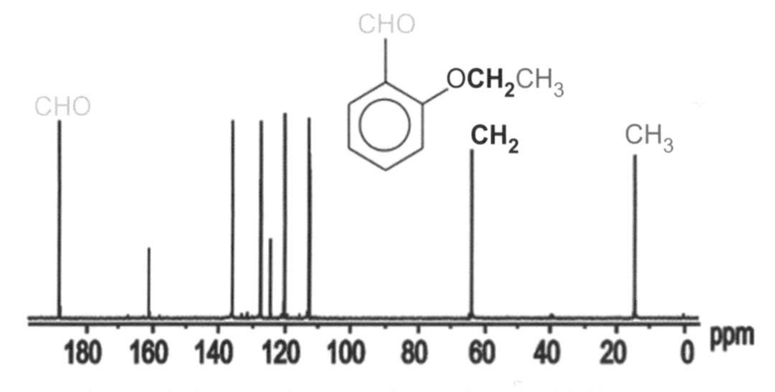

Figura 5.5 Espectro desacoplado de carbono-13 do *o*-etóxibenzaldeído.

O desacoplamento também leva a um aumento na intensidade do sinal. Isso se deve a dois efeitos principais. O primeiro advém do fato de que a intensidade do simpleto resultante do desacoplamento é equivalente à soma das intensidades de cada componente do sinal do multipleto no espectro acoplado. Assim, um dupleto, ou tripleto ou quarteto passam a ser simpletos cuja intensidade é a soma das intensidades de suas respectivas componentes. No entanto, na prática, é visto um aumento superior àquele que é devido apenas à superposição das componentes do multipleto. Isso se deve a um segundo efeito, conhecido por **efeito Overhauser nuclear** (em inglês, a sigla conhecida é NOE). Esse fenômeno tem grande importância na RMN e será melhor explicado no Capítulo 6.

5.3 DESLOCAMENTO QUÍMICO

Como explicado no Capítulo 2, o deslocamento químico de um núcleo está relacionado com o ambiente químico em que ele se encontra. De uma forma geral, os mesmos princípios utilizados em RMN-^{1}H, para saber se um determinado hidrogênio é mais blindado ou desblindado que outro, servirão para prevermos deslocamentos químicos relativos entre carbonos. Observe, por exemplo, a Figura 5.5. Olhando a estrutura, é possível notar que existem nove carbonos em diferentes ambientes químicos: os seis carbonos aromáticos, o carbono aldeídico e os carbonos do grupo etila. No espectro, são encontrados nove sinais distintos. Lembre-se de que o espectro de carbono está desacoplado, então serão observados nove simpletos. Foram assinalados na Figura 5.5 apenas os carbonos do aldeído e dos grupos CH_2 e CH_3. Veja que o carbono de maior deslocamento químico é o carbono aldeídico. Os seis sinais não assinalados no espectro correspondem aos seis carbonos aromáticos, que também sofrem desblindagem por anisotropia, análogo aos hidrogênios aromáticos (Capítulo 2). Em RMN de carbono-13, a região aromática corresponde, em média, à região do espectro compreendida entre 100 e 170 ppm. Os deslocamentos químicos dependem dos ligantes no anel aromático. No caso dos hidrogênios alifáticos, o carbono do grupo CH_2 é mais desblindado que o carbono da metila, uma vez que ele está diretamente ligado ao oxigênio (que desblinda pela eletronegatividade, de forma análoga ao que ocorre no hidrogênio, como foi explicado no Capítulo 2).

Para trabalhos de elucidação estrutural, várias tabelas de deslocamentos químicos para o carbono-13 podem ser encontradas em livros para os mais diversos compostos. No entanto, para os nossos propósitos, basta que tenhamos em mente que os mesmos fatores que afetam deslocamentos químicos para o hidrogênio, vão acometer os deslocamentos químicos de quaisquer outros núcleos que queiramos estudar.

Uma observação acerca do deslocamento químico de carbono-13 está ligada à largura da janela espectral. Enquanto a janela espectral para o hidrogênio varia em média de 0 a 14 ppm, para o carbono-13, ela é consideravelmente maior, variando de 0 a 250 ppm. Essa largura espectral aliada ao fato de adquirirmos espectros de carbono-13 desacoplados são os grandes responsáveis pela não superposição dos sinais de carbono em um espectro de RMN-^{13}C.

5.4 INTEGRAÇÃO

Observe a Figura 5.6, nela são ilustrados dois sinais do espectro de carbono-13 do *o*-etóxibenzaldeído: o sinal de um carbono aromático quaternário (próximo a 160 ppm) e o do carbono da metila (próximo a 15 ppm). Cada um desses sinais corresponde a apenas um carbono. No entanto, os valores das integrais (área sob o pico) são completamente diferentes. O sinal da metila corresponde a um carbono ligado a três hidrogênios; para o sinal em 160 ppm, não existe nenhum hidrogênio relacionado. Por motivos que não serão aqui comentados, carbonos hidrogenados são, em geral, mais intensos e apresentam maior largura de linha à meia-altura do que os que não estão ligados a hidrogênio. Com isso, como a integração corresponde à área sob o pico, as integrações serão diferentes apesar de corresponderem ao mesmo número dos átomos de carbono. Isso ilustra o porquê de não utilizarmos espectros de carbono-13 quantitativos para a maioria dos casos, ou seja, não costumamos integrá-los.

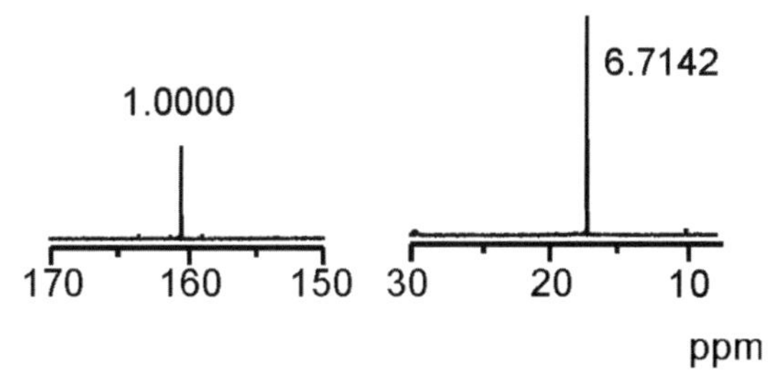

Figura 5.6 Dois sinais do espectro de carbono-13 do *o*-etóxibenzaldeído: ~160 ppm, um carbono aromático quaternário e ~15 ppm, o carbono do grupo -CH_3, mostrando os valores relativos das integrais nesse experimento. Apesar de ambos os picos corresponderem a um único átomo de carbono, os valores obtidos a partir da integração dos picos são diferentes.

É claro que, se desejarmos, existem técnicas para se adquirirem espectros quantitativos de carbono-13. Mas isso não será abordado aqui.

O que podemos, no entanto, extrair do espectro de carbono-13 não quantitativo é o fato de que carbonos quaternários (não ligados a hidrogênios) apresentam menor intensidade e são mais estreitos (menor largura de linha à meia-altura), vide Figura 5.7.

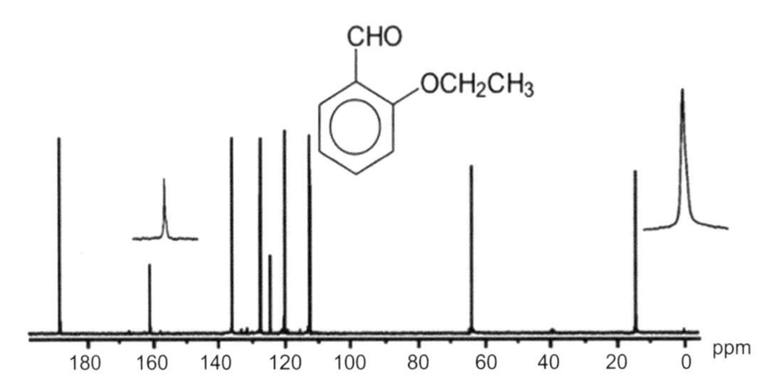

Figura 5.7 Espectro de carbono-13 do *o*-etóxibenzaldeído. Observe que existem apenas dois carbonos quaternários (não hidrogenados). No espectro, eles correspondem aos sinais de menor intensidade (~130 e ~160 ppm). Além disso, note a expansão dos sinais em ~15 ppm e ~160 ppm: o carbono hidrogenado (15 ppm) apresenta maior largura de linha; o carbono quaternário é mais estreito.

5.5 OUTROS ESPECTROS DE CARBONO-13

O número de hidrogênios a que um carbono se encontra ligado, conhecido por multiplicidade do carbono, é uma informação muito preciosa para o processo de elucidação estrutural. Ao obtermos espectros de carbono-13 desacoplados, essa informação é perdida. Por isso, outras técnicas foram desenvolvidas. Uma delas é conhecida por APT (***A**ttached **P**roton **T**est*). Nesse experimento, o espectro gerado é tal que sinais ligados a um ou três hidrogênios (sinais de -CH e -CH_3, respectivamente) aparecem como positivos e aqueles ligados a dois ou nenhum hidrogênio (-CH_2 e carbono quaternário, respectivamente), como negativos (Figura 5.8).

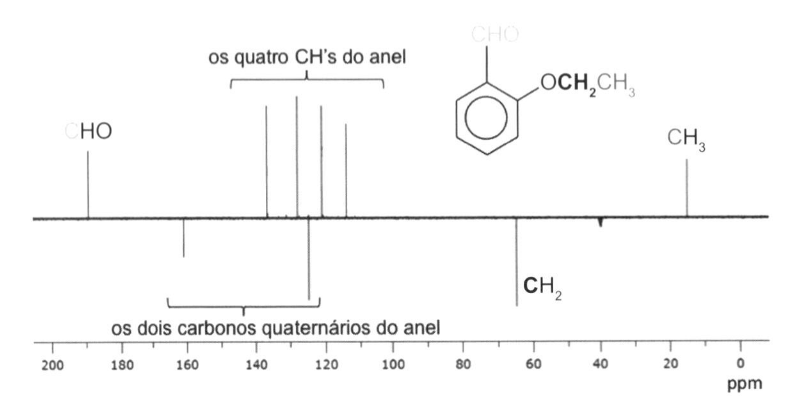

Figura 5.8 Espectro gerado a partir do experimento APT para o composto *o*-etóxibenzaldeído: sinais positivos para CH e CH_3 e negativos para CH_2 e carbonos quaternários.

O experimento APT vem sendo cada vez mais substituído por outro conhecido por DEPT (***D**istortionless **E**nhancement by **P**olarization **T**ransfer*), uma técnica poderosa que permite a distinção entre grupos -CH, -CH_2 e -CH_3, facilitando ainda mais a elucidação estrutural de compostos (Figura 5.9). Essa separação é possível por ser um espectro editado. São realizados três experimentos, nos quais o ângulo de um determinado pulso pode variar entre 45°, 90° e 135° (Figura 5.10), gerando-se três espectros: 1 – contém os sinais devidos a CH, CH_2 e CH_3; 2 – inclui somente sinais dos grupos CH; 3 – compreende os sinais dos grupos CH e CH_3 (positivos) e CH_2 (negativo). Esses espectros são editados para gerar três subespectros, cada um com apenas sinais de CH, CH_2 ou CH_3 (Figura 5.9).

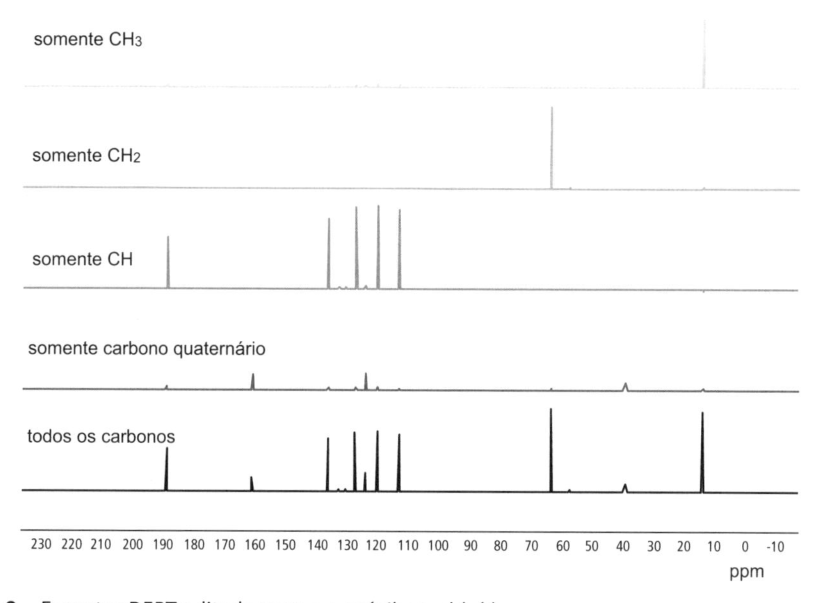

Figura 5.9 Espectro DEPT editado para o *o*-etóxibenzaldeído.

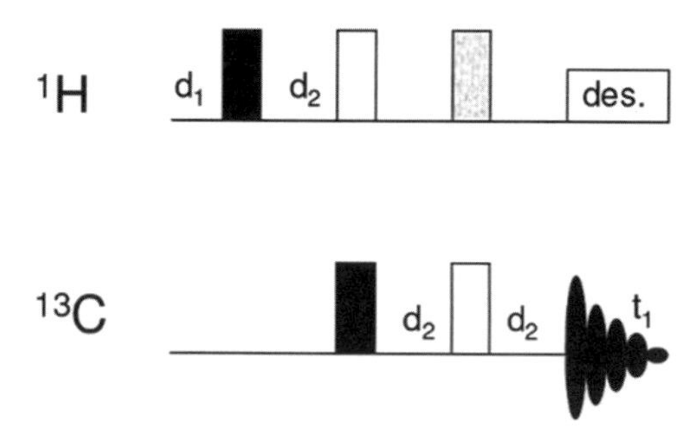

Figura 5.10 Esquema da sequência de pulsos para o experimento DEPT. Em preto, estão os pulsos de 90° e, em branco, 180°. O pulso em cinza é alternado entre 45°, 90° e 135°.

CAPÍTULO 6
Introdução ao desacoplamento seletivo e efeito Overhauser nuclear (NOE)

6.1 IRRADIAÇÃO DUPLA E EFEITO OVERHAUSER NUCLEAR

No Capítulo 3, analisou-se como um espectro é gerado pela utilização de dois campos magnéticos: o campo B_0, responsável pela orientação dos *spins* ao criar a diferença de energia[1], possibilitando transições entre níveis energéticos; e o campo B_1, que é responsável pela excitação do sistema[2]. Neste capítulo, vamos usar mais um campo magnético, chamado B_2 que, análogo a B_1, é perpendicular a B_0, só que com frequência diferente de B_1. Este tipo de ressonância é chamado **ressonância dupla**.

Nesses experimentos, as transições entre os níveis de energia dos *spins* em um campo magnético B_0 são medidas na presença dos dois campos magnéticos oscilantes (B_1 e B_2, mencionados). O campo B_1 é utilizado para observar a ressonância de um tipo de núcleo (N_1), enquanto o B_2 é aplicado para perturbar um segundo núcleo (N_2). Caso N_1 e N_2 se refiram ao mesmo tipo de núcleo (dois hidrogênios, por exemplo), o experimento será chamado de ressonância dupla homonuclear; se forem diferentes (hidrogênio e carbono-13, por exemplo), nomeia-se de heteronuclear.

Observar em N_1 os efeitos enquanto se excita N_2 pressupõe que N_1 e N_2 estejam acoplados. Já tivemos, no Capítulo 2, uma noção do que é acoplamento entre *spins*. Ele ocorre porque *spins* diferentes em uma molécula não precessam independentemente. Caso um *spin* tenha estados energéticos distintos, dependendo em qual estado um *spin* próximo se encontre, esses dois acoplam entre si.

---

[1] Lembre-se que, inicialmente, os *spins* estão randomicamente orientados, ou seja, não têm orientação definida, pois não há diferença de energia.

[2] O campo B_1 é o que gera os pulsos de radiofrequência, como foi abordado no Capítulo 3.

A informação entre dois *spins* acoplados pode ser transferida por dois tipos básicos de mecanismos. O primeiro deles é o acoplamento chamado escalar, estudado no Capítulo 2. Ele é o resultado de informações que são transferidas por elétrons de ligação. Assim, uma distância maior (mais ligações) entre os núcleos que estão se acoplando leva a uma perda de informação. Acoplamentos a quatro ou cinco ligações são raros e, quando existem, os valores de J são muito pequenos. O outro tipo de mecanismo é o acoplamento chamado dipolar. Nesse caso, o acoplamento resulta do fato de cada *spin* estar gerando um pequeno campo magnético: dois *spins* que estejam próximos no espaço "sentem" o campo gerado pelo outro, o que leva a uma pequena mudança no valor do campo magnético efetivamente sentido por esses núcleos. Nesse acoplamento, o que importa não é a distância em termos do número de ligações, mas a distância **espacial** entre os núcleos: eles podem estar distantes em número de ligações, porém se estiverem próximos no espaço – devido à conformação da molécula, por exemplo – eles acoplarão dipolarmente. Desse modo, dois núcleos próximos no espaço não relaxam independentemente, a relaxação de um núcleo influencia a do outro.

A intenção deste capítulo é dar uma ideia do que é o efeito Overhauser nuclear e quais tipos de aplicações são mais comuns em RMN. Uma boa descrição – até mesmo qualitativa – requer alguns conceitos que não estão sendo abordados neste livro[3].

Para compreendermos simplificadamente o efeito Overhauser nuclear (a sigla em inglês é NOE, *Nuclear Overhauser Effect*), temos que recordar os níveis de energia originados quando da aplicação do campo B_0. Para um único núcleo com $I = \frac{1}{2}$, os possíveis níveis energéticos para o sistema são α e β. Como o nível β apresenta maior energia que o α, esse último terá uma população maior que β. Se a população total for chamada de 2N, então a população do estado α (P_α) será (N + θ) e a de β (P_β), (N - θ), em que θ representa o ligeiro excesso de população do nível α quando comparado ao β (observe que a soma das duas populações é igual a 2N). A transição $\alpha \rightarrow \beta$ gera um sinal cuja intensidade é proporcional à diferença de população entre os dois níveis $P_\alpha - P_\beta = (N + \theta) - (N - \theta) = 2\theta$.

Porém, isso se refere a um núcleo isolado. Vamos imaginar agora um sistema em que tenhamos dois núcleos acoplados, designados pelas letras A e X. Os possíveis níveis energéticos e as suas respectivas transições estão representados na Figura 6.1. Para simplificar, denominaremos $\alpha\alpha$, $\alpha\beta$, $\beta\alpha$ e $\beta\beta$ de 1, 2, 3 e 4, respectivamente. Também consideraremos que as energias de $\alpha\beta$ e $\beta\alpha$ são muito próximas e, portanto, não há diferença de população considerável, embora suas energias sejam distintas, pois os núcleos são diferentes. Se considerarmos uma população total igual a 4N núcleos, por exemplo, os níveis energéticos mencionados terão as populações de equilíbrio descritas na Tabela 6.1.

---

[3] Para aprofundar-se um pouco mais no tema, consulte NEUHAUS, D.; WILLIAMSON, M. P. *The nuclear Overhauser effect in structural and conformational analysis*. Nova York: Wiley-VCH, 2000. Outro livro, antigo, mas que apresenta uma boa descrição do fenômeno é NOGGLE, J. H.; SCHIRMER, R. E. *The nuclear Overhauser effect – chemical applications*. Cambridge: Academic Press, 1971.

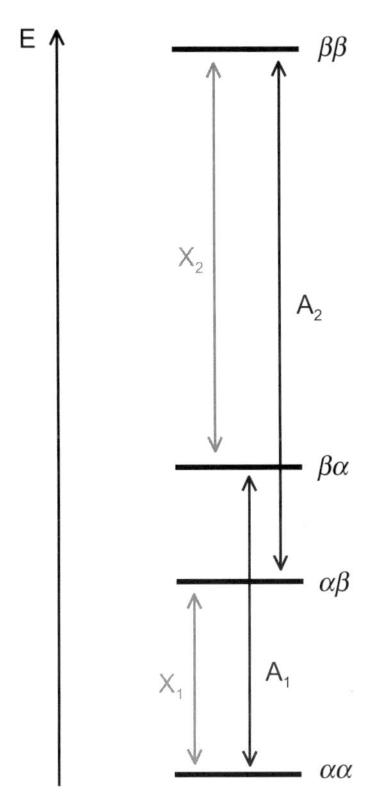

Figura 6.1 Níveis energéticos e transições observáveis para um sistema AX.

Considerando as diferenças de população na Tabela 6.1 e a partir da Figura 6.1, podemos concluir que a intensidade do sinal de A será proporcional à diferença das populações entre os níveis envolvidos nas transições desse núcleo, ou seja: $I_A \propto (P_1 - P_3) + (P_2 - P_4) = 2\theta$.

Tabela 6.1 Populações de equilíbrio para os possíveis níveis energéticos em um sistema A-X.

Nível	População de equilíbrio
1. $\alpha\alpha$	$N + \theta$
2. $\alpha\beta$	N
3. $\beta\alpha$	N
4. $\beta\beta$	$N - \theta$

Vamos imaginar que saturemos o sinal do núcleo X. O que seria isso? Significa irradiar (perturbar) o núcleo X com o campo B_2. Quando a frequência ν_2 (do campo B_2)

se igualar à frequência ν_X (do núcleo X), ocorrerão transições para o núcleo X. Se a intensidade de B_2 for alta (que é exatamente o que fazemos), a velocidade das transições para o núcleo X será muito grande. Na prática, isso equivale a dizer que as populações dos níveis envolvidos nas transições de X se igualam: $P_1 = P_2$ e $P_3 = P_4$. Como consequência, o núcleo A não "percebe" mais a diferença de energia para o X, que é o motivo de acoplarem, gerando o desacoplamento entre os núcleos (o dupleto passa a ser um simpleto). Para esse caso, as novas populações de equilíbrio estão descritas na Tabela 6.2.

Tabela 6.2 Populações de equilíbrio para os possíveis níveis energéticos em um sistema A-X após saturação de X.

Nível	População de equilíbrio
1. $\alpha\alpha$	N + ½θ
2. $\alpha\beta$	N + ½θ
3. $\beta\alpha$	N − ½θ
4. $\beta\beta$	N − ½θ

Como citado no início desse capítulo, irradiamos um núcleo com B_2 e observamos o efeito em outro. Assim, ao irradiarmos o núcleo X e observarmos o sinal de A, além do desacoplamento, teremos que a intensidade do sinal de A será proporcional a: $I_A \propto (P_1 - P_3) + (P_2 - P_4) = 2\theta$.

Portanto, ao visualizar apenas as transições de *quantum* simples (chamando essa probabilidade de transição de W_1), não é observada nenhuma mudança na intensidade do sinal.

No entanto, como foi abordado no Capítulo 5, o desacoplamento de hidrogênio em espectros de carbono-13 (forma mais usual para aquisição de espectros deste núcleo) leva a um aumento da intensidade do sinal, que não corresponde apenas à soma das componentes do multipleto. Para explicar esse acréscimo – que é um fato, uma vez que é observado experimentalmente –, temos que recorrer a um processo chamado relaxação cruzada.

Já vimos no Capítulo 3 que relaxação é o termo usado para descrever o retorno dos *spins* fora da situação de equilíbrio para o estado inicial do sistema. A relaxação cruzada é uma forma diferente, que ocorre em função da existência de acoplamento dipolar. Como explicado, se dois núcleos estiverem acoplados dipolarmente, a relaxação não será independente. Para esse tipo de relaxação estão envolvidas as transições de *quantum* zero (W_0) e de *quantum* duplo (W_2).

Desse modo, ao examinarmos os efeitos de W_2, teremos, antes da saturação de X: $I_A \propto (P_1 - P_4) = 2\theta$. Após a saturação de X, a intensidade do sinal de A será dada por: $I_A \propto (P_1 - P_4) = \theta$.

Como o sinal após saturação é diferente do valor de equilíbrio, as contribuições de W_2 serão para que o sistema retorne às populações de equilíbrio (relaxação), variando as populações dos níveis envolvidos (nesse caso, P_1 e P_4). Essa contribuição pode ser vista na Tabela 6.3. Observe que, após a saturação, a população P_1 sofreu um decréscimo, ao passo que P_4 teve um aumento do mesmo valor. Assim, o efeito de W_2 será de aumentar P_1 e diminuir P_4 de um mesmo valor, aqui simbolizado por x, para restabelecer as populações de equilíbrio.

Tabela 6.3 Efeitos da relaxação cruzada por W_2.

Nível	População de equilíbrio P_i^0	População após saturação de x	Efeitos de W_2
1. $\alpha\alpha$	$N + \theta$	$N + ½\theta$	$N + ½\theta + x$
2. $\alpha\beta$	N	$N + ½\theta$	$N + ½\theta$
3. $\beta\alpha$	N	$N - ½\theta$	$N - ½\theta$
4. $\beta\beta$	$N - \theta$	$N - ½\theta$	$N - ½\theta - x$

Considerando os efeitos de W_2, teremos então que a intensidade do sinal observado de A será dada por: $I_A \propto (P_1 - P_3) + (P_2 - P_4) = 2\theta + 2x$, que é um valor maior que o de equilíbrio (2θ). Portanto, W_2 contribui para um aumento na intensidade do sinal, chamado NOE positivo.

Observemos, agora, os efeitos de W_0 (Tabela 6.4) para restabelecer as populações de equilíbrio.

Tabela 6.4 Efeitos da relaxação cruzada por W_0.

Nível	População de equilíbrio P_i^0	População após saturação de x	Efeitos de W_0
1. $\alpha\alpha$	$N + \theta$	$N + ½\,\theta$	$N + ½\,\theta$
2. $\alpha\beta$	N	$N + ½\,\theta$	$N + ½\,\theta - y$
3. $\beta\alpha$	N	$N - ½\,\theta$	$N - ½\,\theta + y$
4. $\beta\beta$	$N - \theta$	$N - ½\,\theta$	$N - ½\,\theta$

Antes da saturação de X, $P_2 - P_3 = 0$. Após a saturação de x, essa diferença de população é dada por $P_2 - P_3 = \theta$, que é maior que o valor de equilíbrio. Assim, considerando as populações desses níveis, o efeito de W_0 para que o sistema retorne às populações de equilíbrio será o de diminuir P_2 e aumentar P_3 de um mesmo valor (no caso, chamado *y*). Assumindo esses efeitos de W_0, a intensidade do sinal de A será: $I_A \propto (P_1 - P_3) + (P_2 - P_4) = 2\theta - 2y$, que é um valor menor do que o de equilíbrio (2θ). Logo, W_0 contribui para uma diminuição na intensidade do sinal de A, chamado NOE negativo.

O NOE é dependente de vários fatores, sendo os dois principais a velocidade de reorientação molecular e a distância espacial entre os núcleos envolvidos.

Quantitativamente, sabe-se que o NOE é proporcional a r^{-6}, em que *r* é a distância entre os dois núcleos. Na prática, isso significa que o NOE é observado apenas entre núcleos muito próximos no espaço, cerca de 4 a 5 Å de distância entre eles.

Com relação à reorientação molecular, temos que considerar o tamanho da molécula. As menores terão maior velocidade de reorientação. Nesse caso, o efeito de W_2 é maior que o de W_0, de forma que o efeito total $W_2 - W_0 > 0$ e o NOE será positivo – observado para o caso do carbono e hidrogênio. Moléculas maiores apresentam tempo de correlação longo, o que significa menor velocidade de reorientação molecular. Nesse caso, o efeito de W_0 é maior que o de W_2, de forma que $W_2 - W_0 < 0$ e o NOE será negativo. Abordaremos mais um pouco sobre isso no Capítulo 7.

6.2 ALGUMAS APLICAÇÕES

A irradiação dupla (uso de um campo B_2) e o NOE têm uma série de aplicações práticas em RMN. Apenas algumas delas serão mostradas a seguir.

6.2.1 AUMENTO DA INTENSIDADE DO SINAL DE CARBONO-13/ DESACOPLAMENTO DE HIDROGÊNIOS

Essa é a aplicação mais comum e presente na maioria dos experimentos utilizados em RMN.

O exemplo mais simples está relacionado ao que foi estudado no Capítulo 5: comumente, os espectros de carbono-13 são adquiridos desacoplando-se os hidrogênios, uma vez que, dessa forma, dificilmente haverá sobreposição de sinais e que cada um deles corresponderá a um tipo de carbono (ambiente químico) presente na molécula. O desacoplamento de hidrogênios usa um campo B_2 de alta intensidade na frequência de absorção dos hidrogênios, o que – como vimos no item anterior – iguala as populações dos níveis energéticos. Sem diferença de energia, o acoplamento não poderá ser observado e os multipletos serão, então, reduzidos a simpletos, cuja intensidade é também aumentada devido ao NOE (uma vez que a relaxação ocorre via W_2 e W_0).

6.2.2 NOEDIFF

Vamos exemplificar considerando a RMN de hidrogênio. O experimento consiste em se adquirir inicialmente um espectro de hidrogênio padrão. Em seguida, escolhe-se um hidrogênio (um dos sinais) que será irradiado. Ao aplicarmos seletivamente o campo B_2 neste, apenas os hidrogênios que estiverem acoplados espacialmente a ele (acoplamento dipolar) sentirão o efeito e, por consequência, terão o seu sinal aumentado. Todos os outros núcleos que não acoplem com o hidrogênio selecionado, não sentirão o efeito e, portanto, a intensidade desses sinais será a mesma nesse segundo espectro. O hidrogênio escolhido, uma vez que está sendo irradiado, não aparece no espectro. A próxima etapa consiste em se fazer a diferença entre o segundo (com NOE) e o primeiro espectro (normal, sem NOE). O espectro resultante terá o sinal do núcleo irradiado com intensidade negativa e sinais apenas dos núcleos a ele acoplados. Para melhor compreensão, observe o exemplo da Figura 6.2. Na parte inferior, encontra-se o espectro de hidrogênio do composto 2-etil-1-indanona com o assinalamento dos hidrogênios alifáticos. Observe que os hidrogênios 2 são vizinhos a um centro quiral, sendo, portanto, diastereotópicos (Capítulo 2); assim, são diferentes e acoplam entre si. O mesmo ocorre para os hidrogênios 4. Para o experimento, irradiou-se o sinal em 3,3 ppm (marcado como 4b no espectro). O espectro resultante da diferença é mostrado na parte superior da Figura 6.2: o sinal irradiado aparece negativo e apenas os hidrogênios que acoplam com o hidrogênio 4b (irradiado) aparecem, pois apenas eles tiveram sua intensidade aumentada após a irradiação e correspondem aos hidrogênios 4a e 3 (grupo -CH).

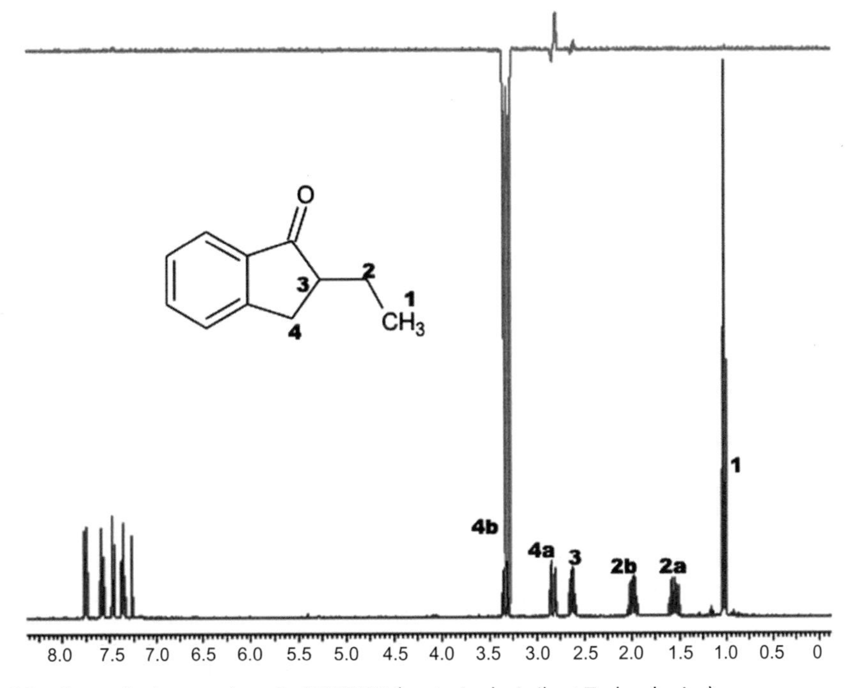

Figura 6.2 Exemplo do experimento NOEDIFF (cortesia da Agilent Technologies).

6.2.3 SATURAÇÃO DO SINAL DE ÁGUA

O sinal dos hidrogênios da água é um problema em RMN devido à sua intensidade e deslocamento químico (Figura 6.3).

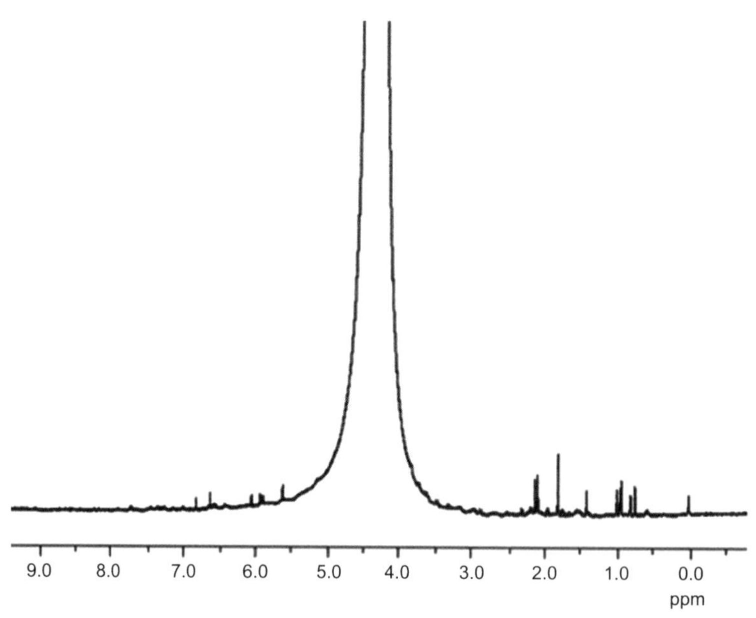

Figura 6.3 Espectro da vitamina B12. Observe o sinal de água em torno de 4,5 ppm. Ele está com intensidade extremamente aumentada para que possam ser observados os sinais da amostra com baixíssima intensidade, impossibilitando a análise do espectro (cortesia da Agilent Technologies).

As estruturas de peptídeos e proteínas são estudadas utilizando-se como solvente D_2O/H_2O. Desse modo, o sinal de água é inevitável nos espectros dessas moléculas. Existem também várias outras substâncias menores que não são solúveis nos solventes orgânicos, sendo necessária a aquisição de seus espectros em solução aquosa.

Vários experimentos (sequências de pulsos) têm sido desenvolvidos para minimização/eliminação do sinal de água. Não discutiremos aqui essas técnicas, mas apenas o que se faz de mais simples para eliminação do sinal de água: a saturação do sinal dos hidrogênios da água. Isso significa aplicar o campo B_2 na frequência de absorção desses hidrogênios da água antes de se adquirir o espectro do composto que se deseja analisar, o que é conhecido por pré-saturação. Como explicado anteriormente, esse sinal, após ser irradiado, será minimizado no espectro devido à saturação dos níveis envolvidos nas transições para os hidrogênios. Em função da água ser um solvente, não há acoplamento entre os hidrogênios da água e os da amostra. Logo, os sinais da amostra não são afetados pela saturação do sinal da água (Figura 6.4), a não ser que exista algum na sua frequência ou muito próximo a ela.

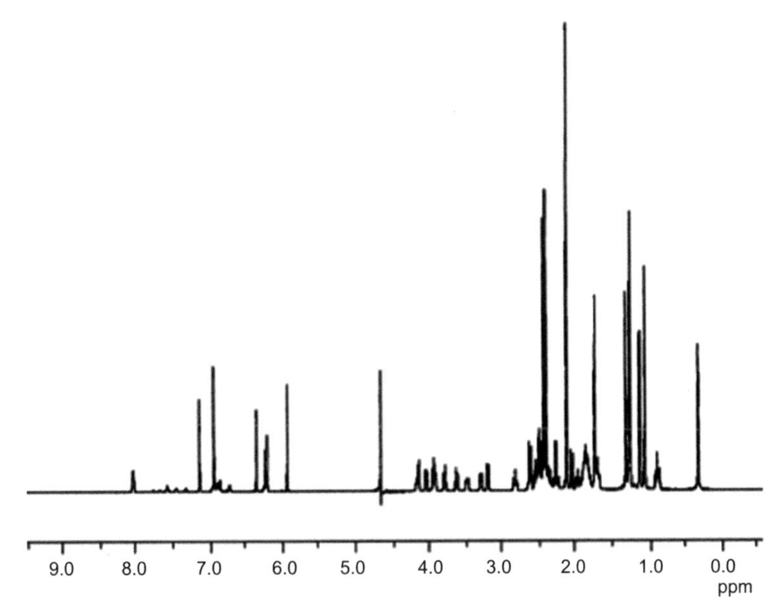

Figura 6.4 Espectro da vitamina B12 (mesma amostra da Figura 6.3), adquirido com pré-saturação do sinal dos hidrogênios da água (cortesia da Agilent Technologies).

6.2.4 DESACOPLAMENTO SELETIVO DE HIDROGÊNIOS

Essa é uma aplicação muito útil em uma dimensão para espectros que apresentem padrão de acoplamento um pouco mais complexo, dificultando o conhecimento de qual núcleo está acoplando com outro. Para isso, basta selecionarmos uma frequência de um núcleo e irradiarmos com o campo B_2. Os núcleos que estiverem acoplados com ele apresentarão sinais com padrões de acoplamento diferentes (mais simples) do que o espectro original. A Figura 6.5 mostra a região alifática do espectro de hidrogênio do composto 2-etil-1-indanona. A estrutura do composto também é indicada na Figura 6.5. O espectro inferior corresponde ao de hidrogênio normal (sem desacoplamento) e com o assinalamento dos sinais. O espectro superior mostra que o sinal em 3,3 ppm (um dos hidrogênios 4) foi irradiado. Pode-se observar que, em 2,8 ppm (o outro hidrogênio 4), houve grande alteração no padrão de acoplamento, pois ele está acoplado com o hidrogênio irradiado. Além disso, houve uma pequena simplificação no padrão de acoplamento do sinal do CH (hidrogênio 3). Os hidrogênios 2a e 2b não tiveram alteração nos correspondentes sinais, uma vez que não acoplam com 4b.

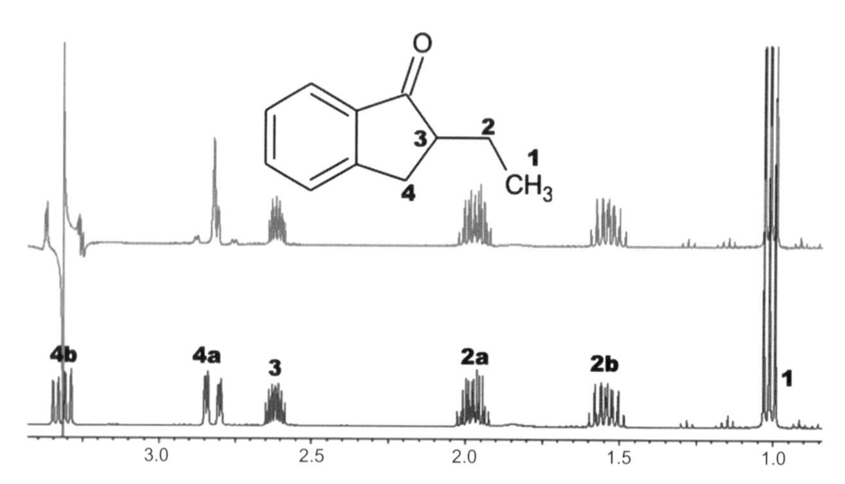

Figura 6.5 Expansão da região alifática do espectro de hidrogênio do composto 2-etil-1-indanona, mostrando desacoplamento seletivo de hidrogênios. 4b foi o hidrogênio irradiado. Observe a diferença do padrão de acoplamento para os hidrogênios 3 e 4a, antes (espectro inferior) e depois (espectro superior) da irradiação de 4b (cortesia da Agilent Technologies).

CAPÍTULO 7
Ressonância magnética nuclear bidimensional

7.1 INTRODUÇÃO

Até o momento, foram estudados experimentos conhecidos por RMN em uma dimensão. Conforme visto nos Capítulos de 1 a 6, embora tenhamos como resultado um gráfico frequência (= deslocamento químico) *versus* intensidade, o que representa, portanto, duas dimensões, em RMN, referimo-nos à dimensão com relação ao número de dimensões em frequência. Assim, como existe apenas uma dimensão de frequência, chamamos de RMN-1D.

As informações retiradas dos espectros 1D referem-se basicamente ao deslocamento químico e acoplamento, além do número relativo de hidrogênios em cada sítio (integração). Por meio do deslocamento químico, é possível associar diferentes ambientes químicos na molécula e, com a informação de acoplamento escalar, podemos descobrir a vizinhança dos núcleos. Além disso, como vimos no Capítulo 6, o NOE (*Nuclear Overhauser Effect*) pode ser utilizado para verificar a proximidade espacial entre os núcleos. A RMN-1D é de grande importância para a elucidação estrutural de moléculas pequenas. No entanto, à medida que aumenta o tamanho das moléculas, aumenta também a superposição dos sinais em espectros de hidrogênio. Observe, por exemplo, o espectro de RMN-^{1}H de um peptídeo com apenas 15 resíduos de aminoácidos na Figura 7.1. Imagine agora uma proteína. Isso significa que a probabilidade de conseguirmos as informações de acoplamento entre os diferentes núcleos da molécula diminui, tanto do ponto de vista de inspeção direta no espectro (determinação do valor de J), como do uso de irradiação seletiva, uma vez que a superposição de picos impede uma boa seletividade e uma análise do espectro resultante.

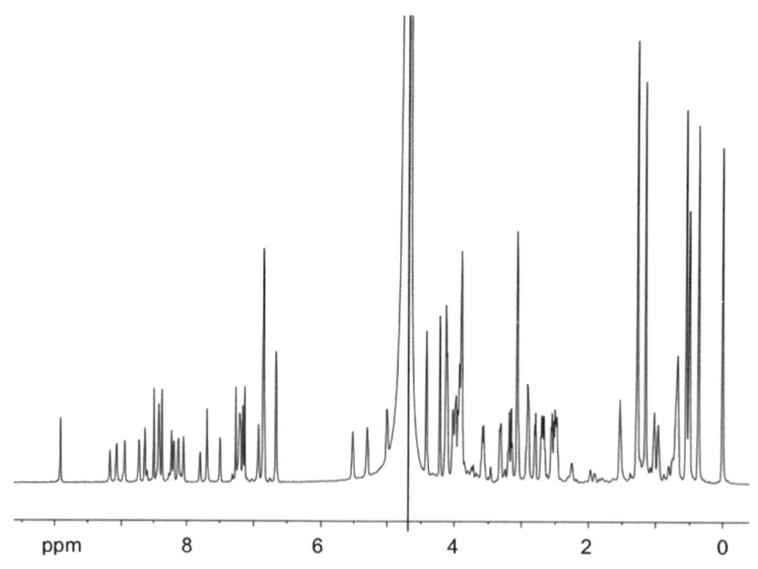

Figura 7.1 Espectro do hidrogênio de um peptídeo de apenas 15 resíduos de aminoácidos (observe a quantidade de sinais e superposição para uma molécula não tão grande).

O uso da RMN bidimensional (RMN-2D) é, atualmente, uma ferramenta importante para a elucidação de estruturas, uma vez que leva à dispersão dos sinais em duas dimensões, facilitando a análise de espectros obtidos para compostos de maior complexidade estrutural. Note que o espectro resultante de um experimento de RMN-2D é, na verdade, um gráfico 3D (Figura 7.2), com dois eixos relativos às unidades de frequência e um deles à intensidade do sinal.

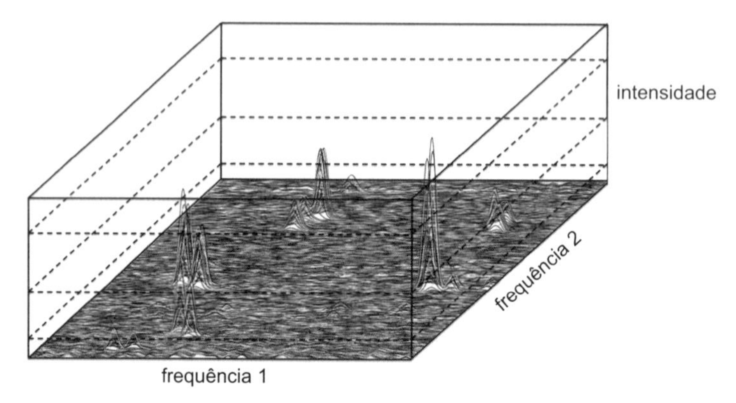

Figura 7.2 Espectro de RMN em duas dimensões, representado por um gráfico 3D: duas unidades de frequência e intensidade. Lembre-se que o espectro 1D tem uma unidade de frequência e um eixo relacionado à intensidade, portanto é um gráfico 2D.

Para facilitar a análise dos espectros, costuma-se realizar cortes nesse gráfico 3D, os quais são representados em duas dimensões de frequência. A intensidade dos picos é fornecida pela intensidade das "manchas" resultantes dos cortes, ou seja, picos mais intensos correspondem a manchas mais intensas (Figura 7.3).

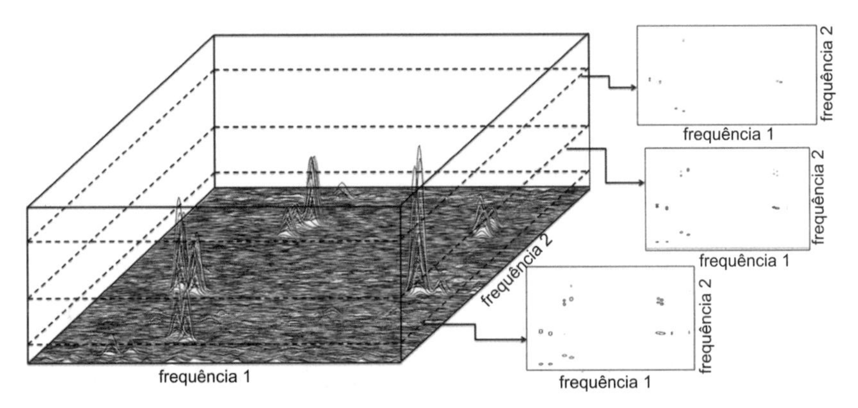

Figura 7.3 Corte esquemático do espectro mostrado na Figura 7.2. Sinais mais intensos dão origem a "manchas" mais intensas. Observe que quanto mais próximo da base dos picos for feito o corte, mais sinais serão observados, incluindo os ruídos. Ao analisar um espectro, podemos definir a altura em que queremos fazer o corte, por meio de um *threshold*.

Neste capítulo, será apresentada a ideia geral de como é gerado um espectro de RMN-2D, além de mostrar os tipos de espectros mais comumente utilizados no processo de elucidação estrutural e a forma de interpretar os dados obtidos. Vamos nos restringir aos espectros correlacionados, ou seja, aqueles em que os picos obtidos apresentam correlações entre frequências de uma dimensão com frequências de outra dimensão. Essa restrição será simplesmente porque são os espectros 2D mais utilizados no trabalho de elucidação estrutural. Eles podem ser divididos em homonucleares, quando a correlação envolve o mesmo tipo de núcleo (dois hidrogênios, por exemplo), e heteronucleares, quando a correlação envolve núcleos diferentes (carbono-13 e hidrogênio, por exemplo).

7.2 COMO É GERADO UM ESPECTRO EM DUAS DIMENSÕES

Como analisado no Capítulo 3, um experimento de RMN consiste em uma sequência de pulsos. O experimento mais simples apresenta um tempo *d*1, seguido por um pulso de *rf* e o tempo de detecção, como foi ilustrado na Figura 3.10. Foi explicado que, durante tal período, ocorre variação no domínio temporal (sinal que chamamos de FID) e, por meio da transformada de Fourier (passando do domínio temporal ao de frequências), pode-se obter os espectros tal qual estudamos e analisamos nos capítulos anteriores.

Imagine que tenhamos uma sequência de pulsos, como ilustrado na Figura 7.4, e que estejamos acompanhando o que acontece com um determinado *spin*. Considere que t_1 é um tempo fixo e que t_2 é o tempo de detecção (análogo ao t_1 da Figura 3.10). Ao realizarmos a transformada de Fourier (TF) ao longo de t_2, obteremos um sinal cuja frequência chamaremos v_2 – já que estamos fazendo a TF no domínio temporal t_2. Conforme mostrado nas Figuras 3.6, 3.7 e 3.8, esse sinal transformado é resultado de decaimento do sinal durante o tempo t_2 (que não é fixo).

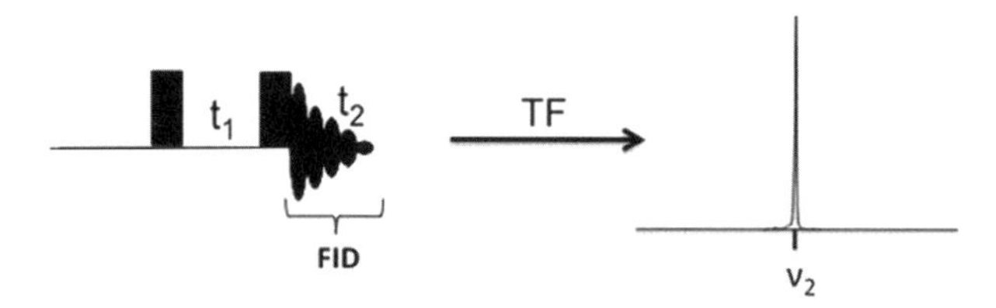

Figura 7.4 Transformada de Fourier ao longo de t_2.

Se considerarmos agora que o tempo t_1, ao invés de ser fixo, seja variável, o tempo entre os pulsos não será mais o mesmo (Figura 7.5).

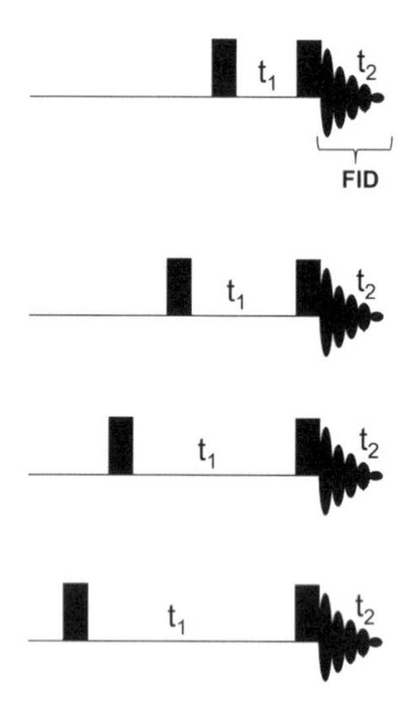

Figura 7.5 Sequência de pulsos considerando dois tempos variáveis (t_1 e t_2).

Suponha que, durante o t_1, estejamos acompanhando alguma propriedade do sistema que está relacionada à intensidade do pico e a variação de t_1 leva à variação da intensidade do pico tal qual mostrada na Figura 7.6A. Observe que, ao longo de t_1, existe uma nova variação do sinal. A sua frequência (v_2) não varia, pois o que estamos olhando é a alteração na intensidade do mesmo sinal ao longo de t_1. Pois bem, essa nova variação no domínio temporal t_1 (tracejado na Figura 7.6B) pode ser convertida em informação para análise, de forma análoga ao que fizemos com a variação em t_2.

Portanto, se aplicarmos uma nova transformada de Fourier na dimensão de t_1, teremos uma nova dimensão de frequência (Figura 7.7). É justamente nessa ideia que reside a base de um experimento 2D: a introdução de um tempo que varie (chamado de tempo de evolução, t_1) durante o experimento, além do período de detecção (t_2). Assim, durante o experimento, são adquiridos vários FIDs (durante t_2) para cada incremento de t_1. O sinal do FID detectado durante t_2 depende do valor de t_1. Obtemos, então, dados em que o sinal é função de duas variáveis temporais $S(t_1,t_2)$, o que permite fazer duas transformadas de Fourier e obter o espectro desejado, em que o sinal observado será a função de duas variáveis de frequência $S(\nu_1, \nu_2)$. Em outras palavras, para a obtenção de um espectro 2D, é gerada uma matriz de dados a partir de uma série de espectros 1D obtidos a partir de incrementos no tempo de evolução t_1. Logo, o sinal de um *spin* que é detectado (frequência observada em uma dimensão) tem sua amplitude variando a cada experimento, o que cria uma nova variação no domínio temporal. Para obter o espectro em duas dimensões, basta que sejam feitas duas transformadas de Fourier. Essa ideia data da década de 1970 e seu impacto na revolução da RMN foi muito importante, dando ao Professor Doutor Richard Ernst o prêmio Nobel de Química, em 1991.

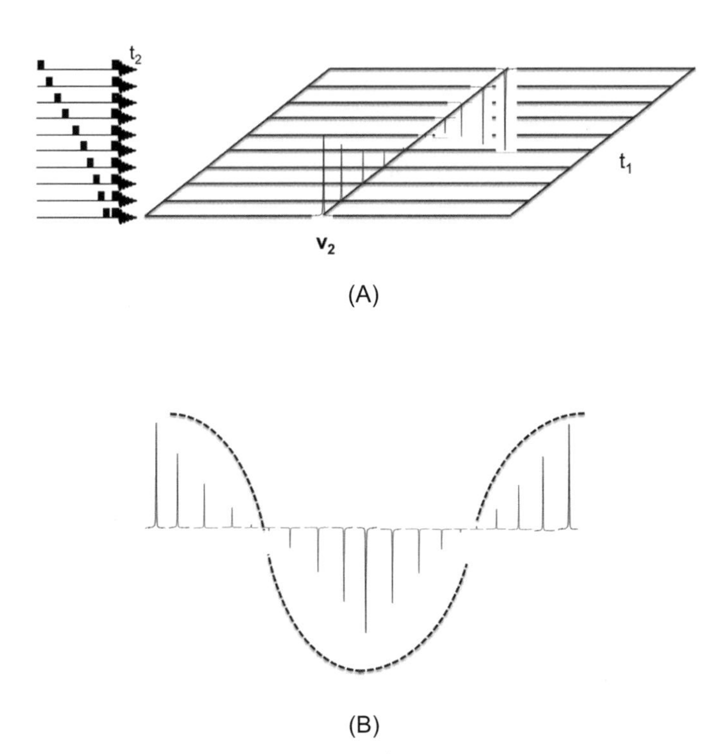

Figura 7.6 (A) Variação de t_1 levando à variação da intensidade do sinal; (B) visão frontal mostrando a alteração da intensidade ao longo de t_1, representada pela linha tracejada.

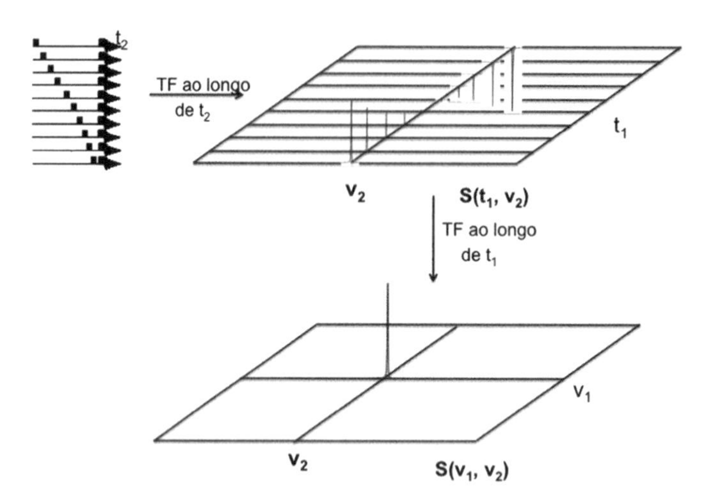

Figura 7.7 Esquema de duas transformadas de Fourier para obtenção de um espectro 2D.

7.3 OS ESPECTROS CORRELACIONADOS

7.3.1 CORRELAÇÃO HOMONUCLEAR[1]

7.3.1.1 Correlação por meio de ligação química (acoplamento escalar)

*7.3.1.1.1 COSY (**CO**rrelated **S**pectroscop**Y**)*

Nesse espectro, as duas dimensões correspondem às frequências de hidrogênio (homonuclear). Um exemplo bem simples é mostrado na Figura 7.8. Ele se caracteriza por apresentar uma diagonal que representa o espectro de hidrogênio do composto. Há simetria no espectro: tudo que está acima da diagonal é igual ao que está abaixo, podendo haver diferença na resolução do(s) sinal(is). Os picos fora da diagonal indicam correlações entre hidrogênios que estão acoplados escalarmente a três ligações (^3J) e, portanto, ligados a átomos de carbonos adjacentes. Assim, se há acoplamento entre dois hidrogênios, existe pico de correlação entre esses núcleos. Para determiná-la, observe na Figura 7.8 que deve ser traçado um triângulo retângulo com a diagonal a partir do pico fora da diagonal, em que esta seja a hipotenusa do triângulo. A Figura 7.9 mostra outro exemplo de uma molécula um pouco maior, em que podem ser observadas mais correlações. Nesse caso, embora distantes a três ligações, a correlação entre H_{2a} e H_3 não aparece em função de o ângulo entre esses hidrogênios resultar em um valor de J muito pequeno (equação de Karplus, mencionada no Capítulo 2).

[1] Vamos nos referir aos espectros homonucleares ^1H-^1H por serem os mais comuns. Mas também são realizados experimentos 2D homonucleares ^{19}F-^{19}F e ^{31}P-^{31}P, uma vez que tanto o flúor-19 como o fósforo-31 são núcleos com *spin* ½ e abundância natural alta, permitindo a aquisição desses dados.

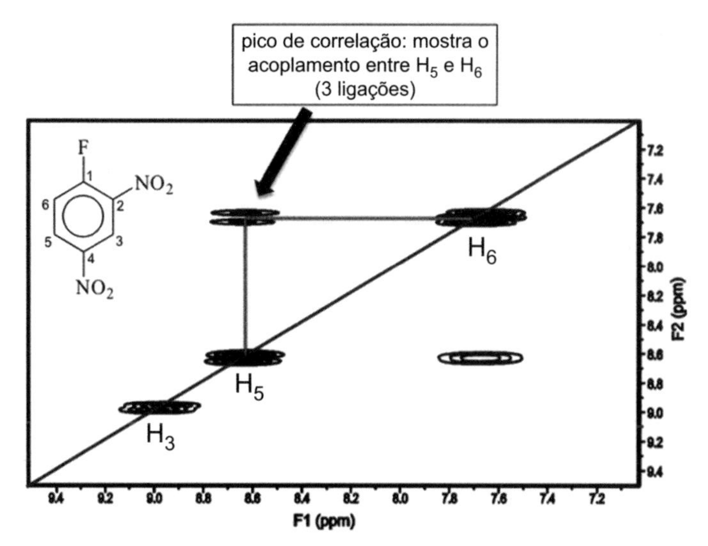

Figura 7.8 Espectro COSY do composto 2,3-dinitrofluorobenzeno. A diagonal mostra o espectro de hidrogênio comum; nesse caso, três hidrogênios (H_3, H_5 e H_6). Note que, se lermos o pico da diagonal como em um gráfico *xy*, os valores de frequência são os mesmos em ambas as dimensões. O pico fora da diagonal mostra o acoplamento escalar entre H_5 e H_6 (distantes três ligações, ^3J). Correlações entre H_3 e H_5 e entre H_3 e H_6 não aparecem, uma vez que estão distantes a mais de três ligações. Observe o triângulo retângulo traçado para a leitura do pico de correlação, com a hipotenusa representada pela diagonal.

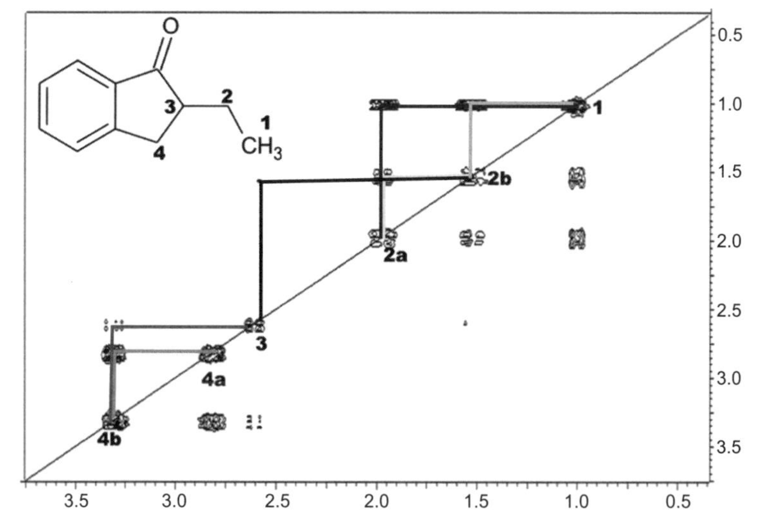

Figura 7.9 Região alifática do espectro COSY do composto 2-etil-1-indanona. Observe os acoplamentos entre os hidrogênios de um mesmo grupo CH_2 (H_2 e H_4, diasterotópicos).

7.3.1.1.2 TOCSY (*TOtal Correlated SpectroscopY*)

De forma análoga ao COSY, o espectro TOCSY, por ser de correlação homonuclear, também apresenta duas dimensões que correspondem às frequências de hidrogênio.

Por isso, é também simétrico, com uma diagonal que divide o espectro em duas partes iguais. Sua análise é feita de forma análoga ao COSY. A diferença entre esses experimentos é com relação ao tipo de informação obtida. No COSY, apenas correlações a três ligações aparecem, ao passo que, no TOCSY, todas as correlações para um mesmo sistema de *spins*[2] estão presentes. Veja, por exemplo, na Figura 7.10, que indica as correlações nos espectros COSY e TOCSY para o aminoácido alanina. Na diagonal, estão representados os deslocamentos químicos dos hidrogênios. Os picos que serão observados no COSY, como estudado no item anterior, correspondem às correlações entre o hidrogênio do grupo NH (chamado HN) e hidrogênios alfa (Hα)[3], e entre Hα e os hidrogênios do grupo metila (em ambos os casos, os hidrogênios estão distantes a três ligações). No TOCSY, além desses picos, também será observada outra correlação, referente ao acoplamento entre os hidrogênios da metila e o HN, apesar de estarem distantes a quatro ligações (^4J).

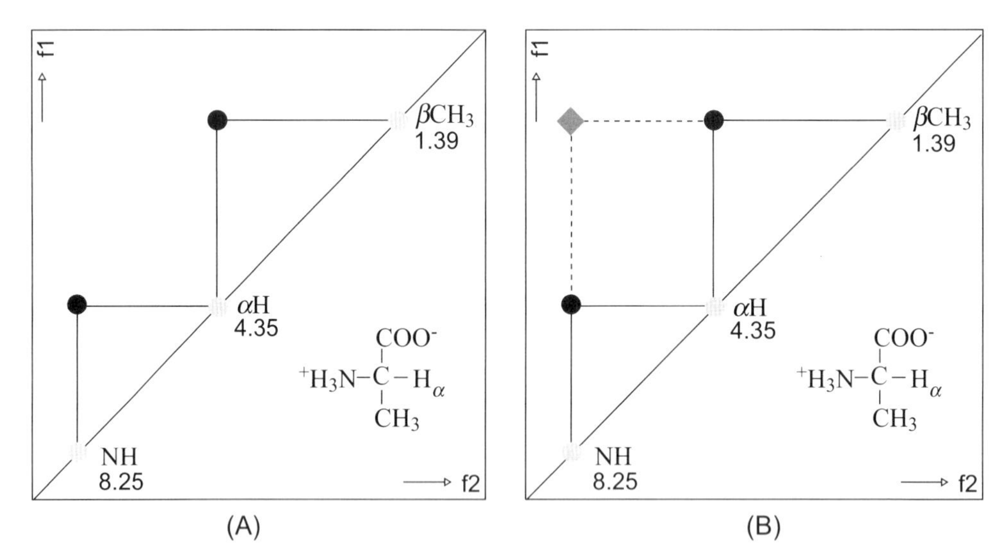

Figura 7.10 Espectros (A) COSY e (B) TOCSY da alanina. Os picos da diagonal estão representados por círculos em cinza claro. Para simplificar o espectro, apenas uma das metades é representada na figura. Observe que, no TOCSY, um pico extra (indicado por um losango cinza) aparece quando comparado ao COSY (em círculos pretos). Adaptada de: <www.bp.uni-bayreuth.de/NMR/nmr_aminotocsy.html>.

[2] Para melhor compreensão do que é um sistema de *spins*, veja: AULT, A. Classification of spin systems in NMR spectroscopy. *Journal of Chemical Education*, v. 47, n. 12, 1970, p. 812. Disponível em: <http://www.chem.wisc.edu/areas/reich/nmr/>. Acesso em: 11 abr. 2016. O item 5.7 do link aborda especificamente a nomenclatura do sistema de *spins*. Esse site tem um curso de RMN disponível.

[3] O carbono vizinho ao grupo carbonila é chamado carbono alfa e, por consequência, o hidrogênio a ele ligado é denominado hidrogênio alfa. Os carbonos seguintes (e também os respectivos hidrogênios) são denominados beta, gama, delta, e assim por diante, nessa ordem.

Outros exemplos podem ser verificados nas Figuras 7.11 (para o aminoácido arginina) e 7.12 para o composto 2-etilindanona, cujo espectro COSY foi mostrado na Figura 7.9. O TOCSY apresenta todos os acoplamentos possíveis para o sistema de *spins*, independentemente do número de ligações.

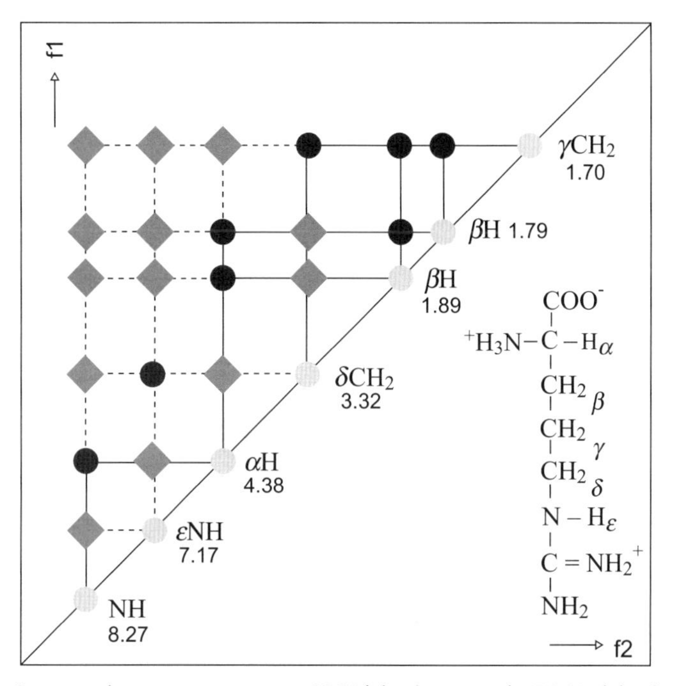

Figura 7.11 Sinais esperados para os espectros COSY (círculos pretos) e TOCSY (círculos pretos e losangos cinzas) para o aminoácido arginina. Para simplificar o espectro, apenas uma das metades é representada na figura. Lembre-se que os hidrogênios beta do grupo -CH_2 são diferentes, pois são vizinhos a um centro quiral e, portanto, diasterotópicos. Adaptada de: <www.bp.uni-bayreuth.de/NMR/nmr_aminotocsy.html>.

Aparentemente, parece mais complexo o uso do TOCSY em função do grande número de sinais, mas esse espectro é de grande importância no assinalamento sequencial de peptídeos e proteínas. Em tais moléculas (Figura 7.13), cada aminoácido corresponde a um sistema de *spins* distinto, pois a carbonila os isola. Isso permite que seja possível a identificação de cada resíduo de aminoácido em um espectro, um dos passos iniciais para o assinalamento sequencial[4].

[4] Para entender melhor o que é o assinalamento sequencial, ver: WÜTHRICH, K. *NMR of proteins and nucleic acids*. New York: Wiley, 1986 e CAVANAGH, J. et al. *Protein NMR spectroscopy: principles and practice*. New York: Elsevier, 2007.

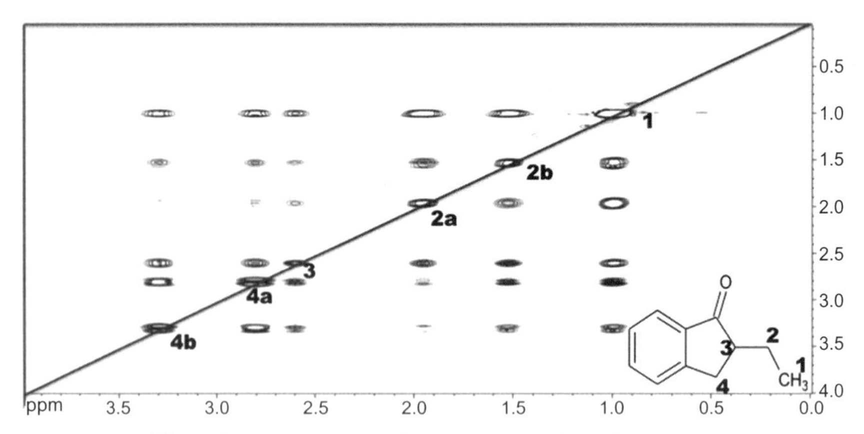

Figura 7.12 Região alifática do espectro TOCSY do composto 2-etil-1-indanona. Compare com o espectro COSY mostrado na Figura 7.9.

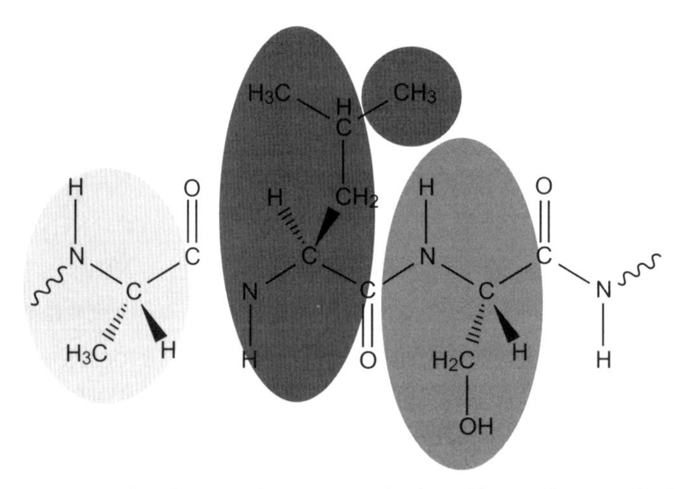

Figura 7.13 Estrutura primária de parte de uma proteína/peptídeo. Cada aminoácido corresponde a um sistema de *spins* distinto (representados por uma tonalidade diferente de cinza na figura).

7.3.1.2 Correlação por meio do espaço

*7.3.1.2.1 NOESY (**N**uclear **O**verhauser **E**ffect **S**pectroscop**Y**)*

Os espectros NOESY têm exatamente a mesma aparência de COSY e TOCSY e são analisados de forma idêntica (Figura 7.14). A grande diferença reside no fato de que as informações obtidas pelos experimentos COSY e TOCSY são devidas aos acoplamentos escalares (via ligação química), ao passo que o NOESY fornece dados via acoplamento dipolar. Trata-se de uma versão 2D para o que estudamos no Capítulo 6 (NOE). Como analisado, o NOE depende da distância internuclear, ou seja, apenas núcleos próximos espacialmente irão acoplar dipolarmente e, portanto, exibir picos de correlação (fora da diagonal). A intensidade deles é proporcional ao NOE. Por isso, a partir do NOESY, é possível extrair informações da distância internuclear, medindo-se a intensidade dos picos. Vale ressaltar que núcleos a três ligações de distância (observados no COSY) estão próximos espacialmente. Logo, esse acoplamento também aparece no NOESY.

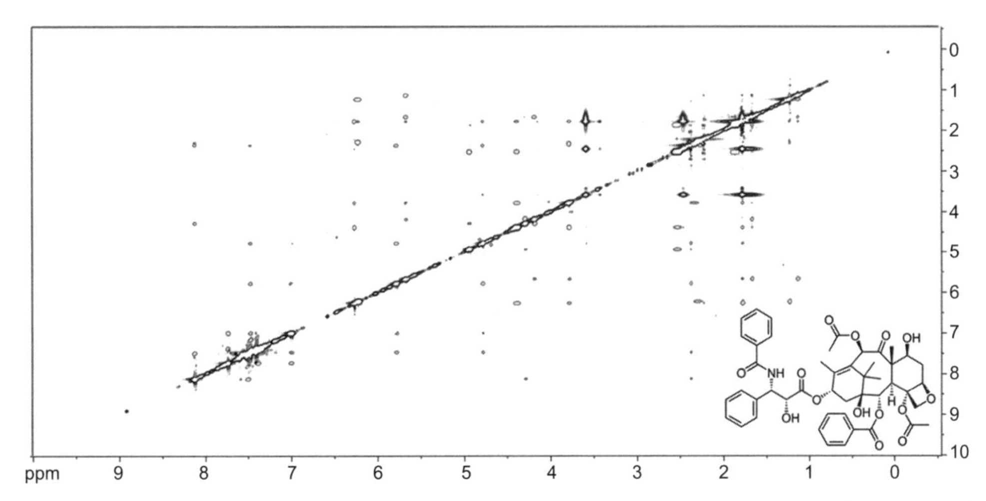

Figura 7.14 Espectro NOESY do composto Paclitaxel. Note que os picos de correlação (em cor clara) têm fase diferente dos picos da diagonal, representados em preto (os programas para processamento de espectros mostram isso por meio de cores diferentes).

Um importante parâmetro para esse experimento é o tempo de correlação (τ_c), que é uma medida quantitativa da velocidade de movimentação molecular. Moléculas maiores apresentam τ_c maior, uma vez que se movimentam mais lentamente em solução; moléculas menores podem se mover mais rápido e, portanto, apresentam menor τ_c. Esse tempo influencia os mecanismos de relaxação, daí sua importância para a intensidade dos sinais de NOE[5]. Para moléculas pequenas, como τ_c é menor, os NOEs obtidos são menos intensos, mas são positivos[6]. No espectro NOESY, os picos da diagonal terão fase negativa e os de correlação, positiva (Figura 7.14). Moléculas maiores são caracterizadas por NOEs negativos, e assim terão a mesma fase dos picos da diagonal, o que não permite a diferenciação dos sinais conforme descrito.

A Figura 7.15 ilustra o comportamento do NOE (intensidade dos sinais) em função do tamanho da molécula e, portanto, do tempo de correlação. Observe os NOEs menos intensos e positivos para pequenas moléculas e mais intensos e negativos para macromoléculas. Observe ainda que moléculas intermediárias podem não exibir NOE (= 0, ponto chamado *zero crossing*) ou ainda o NOE ser muito fraco, inviabilizando a sua observação por esse experimento.

---

[5] Essa intensidade é proporcional a $\omega\tau_c$, em que ω é a frequência do equipamento e τ_c é o tempo de correlação.

[6] Abordamos brevemente isso no Capítulo 6, ao final do item 1.

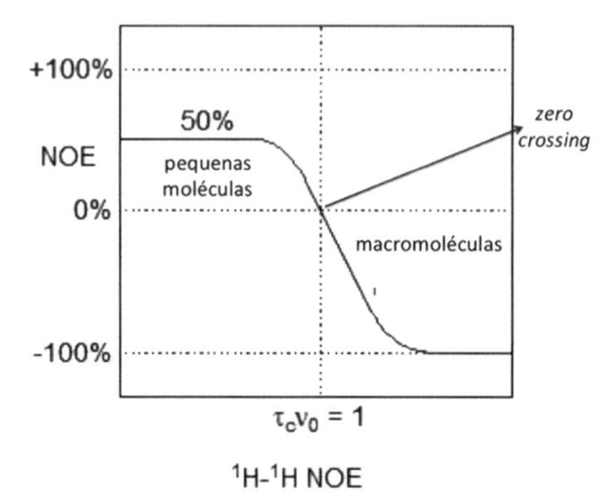

Figura 7.15 Influência do tamanho da molécula (tempo de correlação) na intensidade do NOE observado. Extraída de: <http://www.chem.wisc.edu/areas/reich/nmr/08-tech-02-noe.htm>.

*7.3.1.2.2 ROESY (**R**otating-frame nuclear **O**verhauser **E**ffect **S**pectroscop**Y**)*

Este é um espectro bem similar ao NOESY, sendo analisado exatamente da mesma forma. As informações também são baseadas no acoplamento dipolar entre os núcleos. A diferença está na forma como essa informação é gerada – o que não será abordado aqui. Esse experimento é útil para o caso de moléculas em que o NOE é muito fraco, não sendo possível sua observação pelo NOESY (ver na Figura 7.15 o *zero crossing*). Isso é possível porque a dependência entre o tempo de correlação e a relaxação é diferente no ROESY.

7.3.2 CORRELAÇÃO HETERONUCLEAR

7.3.2.1 HMQC (***H**eteronuclear **M**ultiple **Q**uantum **C**orrelation*) e HSQC (***H**eteronuclear **S**ingle **Q**uantum **C**orrelation*)

São espectros heteronucleares correlacionados para detecção de acoplamentos escalares a uma ligação (^{1}J). Embora sejam experimentos de diferente concepção, ambos fornecem exatamente as mesmas informações. Em uma dimensão, encontra-se a frequência de hidrogênio e em outra, a de um núcleo ativo em RMN (chamado heteronúcleo), como o carbono-13. Nesse caso, os picos que aparecem no espectro são de correlação entre os núcleos que acoplam a uma ligação. A Figura 7.16 mostra o espectro HMQC para o composto 2,4-dinitrofluorobenzeno. A sua análise é extremamente simples, basta ler como um gráfico *xy*, ou seja, os picos com coordenadas (*x*,*y*) são núcleos que estão diretamente ligados (uma ligação, ^{1}J). Somente três sinais são observados, uma vez que existem apenas três carbonos hidrogenados (^{1}J). Os carbonos que não aparecem nesses espectros não são hidrogenados. As Figuras 7.17 e 7.18 indicam os espectros HMQC ^{1}H–^{13}C e HSQC ^{1}H–^{13}C para o composto 2-etil-1-indanona. Observe que as informações obtidas são as mesmas em ambos os experimentos.

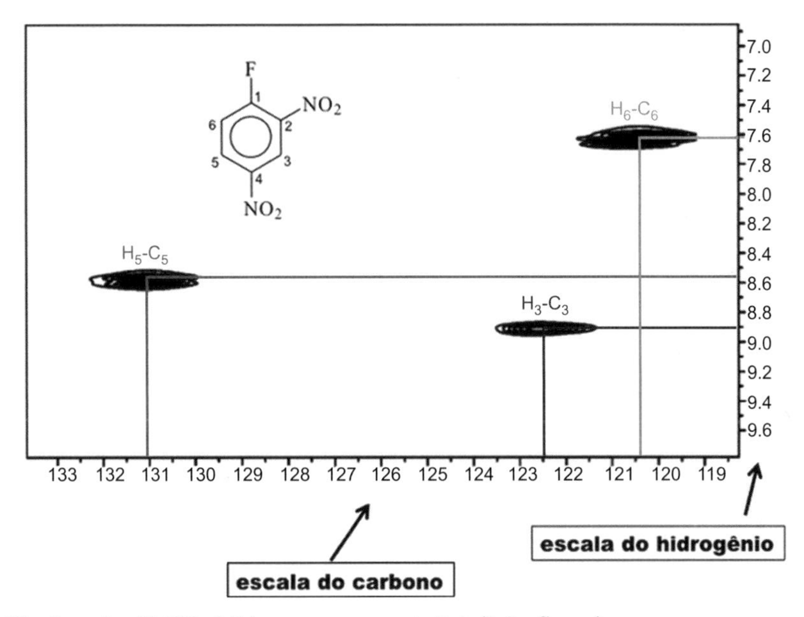

Figura 7.16 Espectro HMQC obtido para o composto 2,4-dinitrofluorobenzeno.

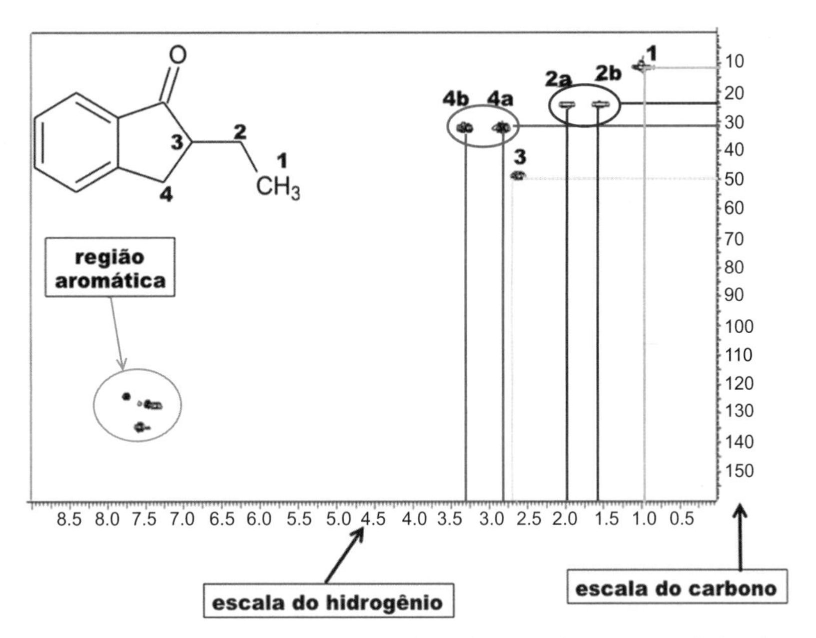

Figura 7.17 Espectro HMQC para o composto 2-etil-1-indanona. Observe que os hidrogênios diasterotópicos (2 e 4) são diferentes (escala do hidrogênio mostra valores diferentes de deslocamento químico), mas ambos relacionados a um mesmo carbono.

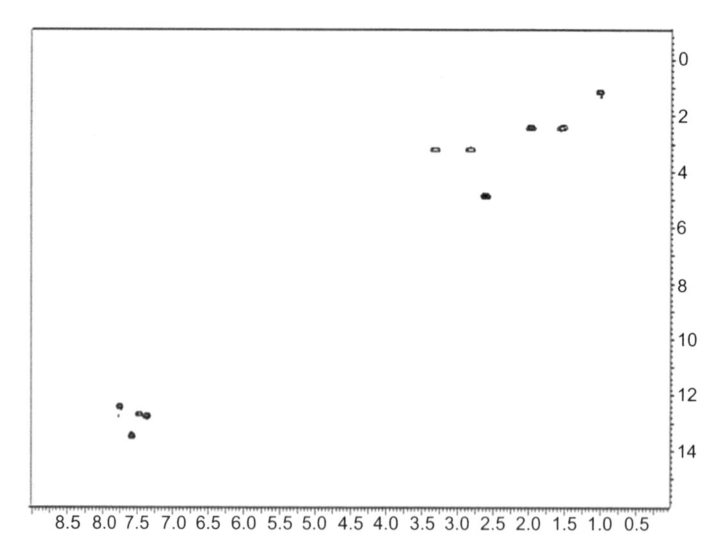

Figura 7.18 Espectro HSQC para o composto 2-etil-1-indanona. Veja que são obtidas as mesmas informações que no espectro HMQC (Figura 7.17).

7.3.2.2 HMBC (***H****eteronuclear* ***M****ultiple-***B***ond* ***C****orrelation*)

Trata-se de um experimento para observar correlações a longa distância (^{n}J, $n > 1$) entre o hidrogênio e um heteronúcleo (por exemplo, carbono-13). A leitura desse espectro correlacionado é realizada da mesma forma que para HSQC e HMQC apresentados no item anterior. A diferença está na informação obtida: ^{1}J para HSQC e HMQC e ^{n}J ($n \geq 2$) para o HMBC, sendo que, para $n > 4$, o valor de J é muito pequeno e normalmente só é observado para sistemas conjugados ou em casos específicos como mencionado no Capítulo 2. A Figura 7.19 mostra o espectro HMBC obtido para o composto 2,4-dinitrofluorobenzeno. Apesar de ser uma molécula simples e pequena, várias correlações podem ser percebidas no espectro. Para elucidação/determinação estrutural de moléculas, esse experimento é muito importante, pois fornece muitas informações acerca de correlações a longa distância, possibilitando a construção indireta do esqueleto carbônico de uma molécula.

Uma importante consideração sobre esses experimentos diz respeito aos intervalos de tempo entre os pulsos que são funções do valor de ^{n}J. Lembre-se que 1/Hz = *s*. Note o espectro mostrado na Figura 7.20. Trata-se de um HMBC para o mesmo composto da Figura 7.19. A única diferença entre os dados para aquisição dos espectros foi o valor de ^{n}J, em que foram utilizados os valores de 7 Hz e 4 Hz, respectivamente. É importante observar que algumas correlações se diferem no segundo espectro, umas somem e outras aparecem quando comparamos os dois espectros. Com isso, conclui-se que o valor de ^{n}J é de fundamental importância para esse experimento e que o simples fato de uma correlação não aparecer no espectro, não significa que ela não exista. É necessário fazer a aquisição de espectros de HMBC, com diferentes valores de ^{n}J para que se tenha certeza.

Outra observação importante nesses espectros é notar que correlações a uma ligação (^1J) também podem estar presentes. Para diferenciá-las daquelas a longa distância, basta observar que correlações a curta distância formam dupletos na dimensão do hidrogênio, como mostrado nos espectros por meio das chaves.

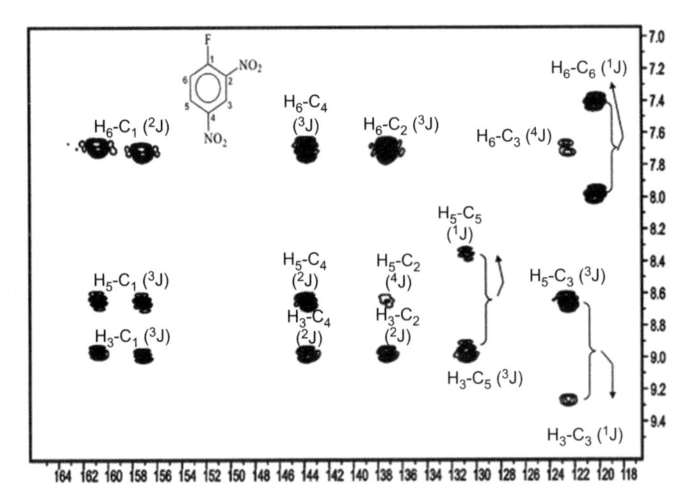

Figura 7.19 Espectro HMBC obtido para o composto 2,4-dinitrofluorobenzeno (valor utilizado para $^nJ = 7$ Hz).

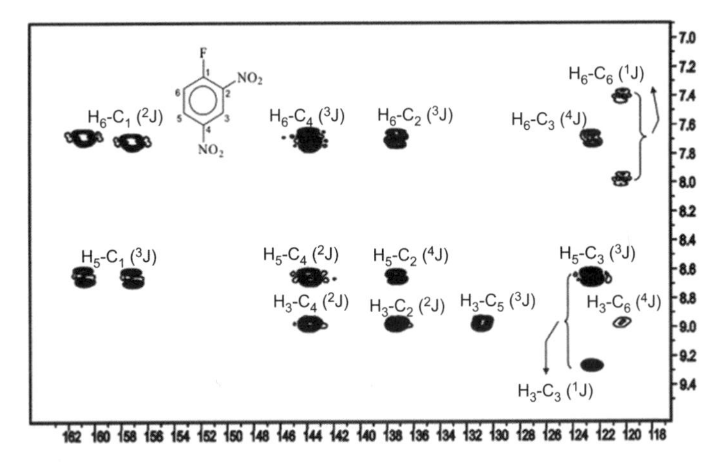

Figura 7.20 Espectro HMBC obtido para o composto 2,4-dinitrofluorobenzeno (valor utilizado para $^nJ = 4$ Hz).

BIBLIOGRAFIA

AULT, A. Classification of spin systems in NMR spectroscopy. **Journal of Chemical Education**, Easton, v. 47, n. 12, p. 812, 1970.

ARNOLD, J. T.; DHARMATTI, S. S.; PACKARD, M. E. Chemical effects on nuclear induction signals from organic compounds. **The Journal of Chemical Physics,** New York, v. 19, p. 507, 1951.

BONAGAMBA, T. J.; FREITAS, J. C. C. **Os núcleos atômicos e a RMN:** o modelo de camadas, o *spin* nuclear e os momentos eletromagnéticos nucleares. Rio de Janeiro: Associação dos Usuários de Ressonância Magnética Nuclear, 1999.

CAVANAGH, J. et al. **Protein NMR spectroscopy:** principles and practice. 2. ed. New York: Elsevier, 2007.

CLARIDGE, T. D. W. **High-resolution NMR techniques in organic chemistry**. 2. ed. Oxford: Elsevier, 2004.

FIGUEROA-VILLAR, J. D. **Aspectos quânticos da ressonância magnética nuclear**. 3. ed. Rio de Janeiro: Associação dos Usuários de Ressonância Magnética Nuclear, 2009.

GERALDES, C. F. G. C.; GIL, V. M. S. **Ressonância magnética nuclear**. Lisboa: Calouste Gulbenkian, 2002.

HARRIS, R. K. **Nuclear magnetic resonance spectroscopy:** a physicochemical view. London: Longman Scientific & Technical, 1986.

KEELER, J. **Understanding NMR spectroscopy.** 2. ed. Cambridge: John Wiley & Sons, 2010.

NEUHAUS, D.; WILLIAMSON, M. P. **The nuclear overhauser effect in structural and conformational analysis**. 2. ed. New York: Wiley-VCH, 2000.

NOGGLE, J. H.; SCHIRMER, R. E. **The nuclear Overhauser effect:** chemical applications. Cambridge: Academic Press, 1971.

RULE, G. S.; HITCHENS, K. T. **Fundamentals of protein NMR spectroscopy**. Amsterdam: Springer, 2006.

WÜTHRICH, K. **NMR of proteins and nucleic acids**. New York: Wiley, 1986.